청년, 자기 혁명의 서막

The Courageous Friends

AQ 102

와이드AR 저널리즘스쿨 1라운드 저널

AQ 102

청년, 자기 혁명의 서막

The Courageous Friends

와이드AR 저널리즘스쿨 1~5기생 함께 지음

간향미디어랩

arch in sight 102

AQ 102

와이드AR 저널리즘스쿨 1라운드 저널

AQ 102

청년, 자기 혁명의 서막

The Courageous Friends

서문

아모르 화티(Amor Fati).
_Friedrich W. Nietzsche

네 운명을 사랑하라.
네 인생을 사랑하라.
네 삶을 존중하고 주도하라.
꿈꾸고 도전하라.

이 책은 와이드AR 저널리즘스쿨 1~4기생들의 지난 이야기를 모아 엮은 〈1부〉와 2014년도 5기생들의 글쓰기 훈련 과정의 결과물 중 선별하여 수록한 〈2부〉로 구성되어있다. 스쿨 출범 5년 만에 처음 내는 저널이자, 1라운드 5년 주기의 시작을 알리는 보고서의 성격을 갖는다.

나도 그랬듯이 자기 인생의 주인공으로서 확신을 갖기까지 너무나 많은 걸림돌이, 모르는 것들이, 청년세대의 낯을 붉히게 만든다. 현재 대학(원) 재학생이거나, 졸업 후 진로를 모색 중이거나, 사회에 갓 진출한 이들에 이르기까지 20대에서 30대 초반에 걸쳐 있는 저들은 공통적으로 '아직' 꿈을 꾸고 있다. 고민이라는 이름으로, 방황의 이름으로.

매일매일 집을 나서는 이들이 머무는 곳곳엔 늘상 인생의 불안 요소가 도사리고 있다. 애써 무시하고 싶지만 그것이 평생 자기 자신이 마시게 될 공기와 같다는 것을 깨닫고 불안을 친구삼아 살아가는 것에 익숙해질 때쯤 저들 모두는 어느덧 청년시대를 회고하는 자리로 물러 앉아 있을 것이다. 스스로가 자기 운명의 주체임을 확인할 겨를 없이. 시간은 그렇게 덧없이 흐른다.

와이드AR 저널리즘스쿨은 건축을 통해 저널리스트의 세계를 이해하고, 배우는 학교이기 전에 청년시대의 방황을 유의미하게 연결 짓는 교량의 역할을 목표로 한다. 학생 스스로 세상에 대하여 의심을 품고 살아갈 방도를 모색하는 장이다. 사람을 만나고, 술을 마시고, 친구가 되고, 연대감을 찾는 모든 과정이 그렇다.

건축저널리즘을 바탕에 깔고 2010년 이래 5년 간 수업을 진행했다. 일간지 및 주간지의 전 · 현직 기자들과 건축 잡지사 에디터 및 기자, 편집장, 출판사 발행인, 인쇄제작 공정별 엔지니어, 기장, 대표자 및 건축학자, 비평가, 건축사진가, 건축가가 강사로 참여하였다. 이들 공히 내 인생의 동지들이자 지지자이며 각자 분야에서 프로로 살아온 현장 지킴이들 이었기에 저널리즘스쿨은 이들의 조력으로 매년 조금씩 성장해 올 수 있었다. 이 지면을 빌어 감사를 드린다.

저널리즘스쿨 수료생들 대부분이 건축출판 및 잡지사, 주류 언론사로 직업을 찾아 나선 것은 아니다. 매년 수료생들이 그 분야로 진출을 하고 있음은 사실이지만 그 숫자는 미미하다. 건축바깥을 기웃거리는 시선으로 비상구를 찾아 들어왔다가 건축가 또는 건축디자이너의 길이 제 길임을 확인하고 돌아선 사례도 적지 않고, 건축지식을 근간으로 하여 배움의 기회를 확장시키며 작정하고 타 분야로 뛰어들기도 했다. 전술했지만 이 청년들이 꿈꾸고, 자리를 펴는 세상은 여느 청년들처럼 '위대한' 방황의 소산이다. 저들은 오늘도 스스로를 의심하며 방황하고 있다. 내 안의 청년이 수그러들지 않는 한 그것은 평생의 주제가 되는 것이 맞을 것이다. 아모르 화티! 겁 없는 친구들이 말하는 『청년, 자기 혁명의 서막』을 발간하는 이유다.

2014년 9월

전진삼

도움 주시어 감사합니다.

역대 강사진

강병국, 강권정예, 구본준, 김기현, 김영철, 김재경, 김철현, 노희영, 민운기, 박상일, 박재성, 박정현, 심상호, 심영규, 안철흥, 이경일, 이상희, 이오주은, 이우재, 이재룡, 이종건, 이종복, 이주연, 정귀원, 장정제, 정재숙, 함성호, 현유미, 황순우

함께 하여 감사합니다.

수료생

고경국, 손민희, 이대우, 이지선, 정사은, 최다은(1기), 김혜영, 신은별, 유승리, 이상민, 이철호, 임훈(2기), 김이슬, 심지수, 안승혜, 정지혜(3기), 공을채, 곽선아, 권혜정, 김명규, 김성진, 박지일, 이하늘, 조강준(4기), 김선영, 박선희, 이재명, 정선영(5기)

목차

arch in sight 102

1부.
아모르 화티(amor fati), 내 삶과의 연애

—저널리즘스쿨과 나

반짝이는 인생의 단편을 만들어준 자리

이지선(1기)

진로와 취업이라는 단어보다 꿈에 대한 고민으로 머릿속이 복잡해져 있던 2010년 겨울, 간향건축저널리즘워크숍 1기 합격소식을 띄운 모니터 앞에서 난 멍하니 앉아 있었다. 판에 박힌 길을 걷는 건축학도가 되지 않으리라 다짐하고 내가 갖고 있는 가능성과 다양성을 하나둘 시험하고 있는 중에 이력서 한 장, 자기소개서 한 장으로 기회를 엿보아야한다는 심적 부담감이 적지 않았다. 그만큼 그 당시 나는 절박했고, 그로부터 벗어나려 지독히 애쓰고 있었다. 합격이다!

매달 한 차례 주말, 워크숍에 참여하기 위해 전주와 서울을 왕래했다. 틀에 박힌 수업을 박차고 나오는 기분으로 학교를 벗어난 느낌? 신선함 그 자체였다. 새로운 사람과의 만남도 설레는데다가 건축(저널)을 위해 건축을 공부하지 않았다. 인문학, 역사 및 철학 강의, 건축 사진과 인쇄소 및 출판사를 방문하여 건축 잡지의 매커니즘을 눈으로 확인했던 그 시간들. 간절한 마음이 담겨있던 워크숍 지원서 두 장으로 여기까지 왔다는 것이 내겐 큰 기쁨이었다. 벌써 5년 전 일이다.

워크숍 과정 후반부에 잠시 런던에서 수학할 기회가 생겼다. 단기 유학을 마치고 돌아온 후 2기와 합류하여 못 다한 워크숍 과정을 마치고는 대학 졸업과 동시에 건축지 편집기자로 1년을 지냈다. 잡지기자생활은 기대와 달랐다. 사직서를 냈다. 다시 1년을 몸과 마음을 재충전하며 보냈다. 건축저널과는 다른 길을 걷고 있는 현재에 이르기까지 오래지 않은 시간동안 변화가 많았지만 진정으로 내가 하고 싶은 일을 찾아 나설 수 있게 동력이 되어 준 것이 저널리즘워크숍이었다.

저널리즘워크숍에 참여한 동기생 및 후배 기수들을 보면 흥미로운 점을 발견할 수 있다. 2010년 1기였던 우리도, 2014년 5기에서도 마찬가지다. 매년 회를 거듭할수록 꿈이 달라지고 있음을 확인할 수 있다. 꿈을 꾸는 과정에서 발돋움한 사람들의 모임인 것인가? 생각이 들 정도이다. 어쩌면 처음부터 너무 평범하지 않은(다소 위험한 단어일 수 있겠지만) 사람들이라서 저널리즘워크숍의 이름 아래 모여들었던 것인지도 모른다.

적어도 나의 인생 스펙트럼에서 저널리즘워크숍이라는 과정은 필수불가결하다. 워크숍을 통해 기자라는 직업군에서 일을 해보고 이 세상을 살아가는 데 건축이 필요한 만큼 다른 기본소양도 분명 필요하다는 사실을 알게 되었다.

지나와서 생각해보니 워크숍 과정을 함께했던 사람들, 1기 동기생들은 내 인생의 보석 같은 사람들이 되었다. 다른 길을 가려는 나를 항상 응원해주고 먼 타국에 있을 때에도 보듬어주던 사람들이다. 자주 만나지는 못하지만 다른 기수 멤버들과도 서로 아낌없는 조언과 이해가 오가는 즐거운 장면이 연출된다. 이렇게 워크숍에서 세상을 살아가기 위한 필요조건을 배웠고, 사람을 얻었고, 지원군을 얻었다. 우리의 수장 전진삼 소장님께서도 이만큼의 파급효과를 예상하셨을까.

벌써 5년의 성상을 쌓은 와이드AR 저널리즘스쿨(그 사이 워크숍의 이름도 이렇게 성장했다)은 이제 전체 멤버가 모이면 얼굴과 이름을 맞추기가 힘들만큼 많은 인원이 함께한다. 1년에 몇 번 얼굴을 보지 못해 기억이 헐거워진다 한들 문제될 것이 없다. 미안함은 살짝 웃음으로 대신하며 다시 인사하고 안부를 묻기 시작한다. 끼리끼리 진지한 건축적 고민과 살아가는 데 팍팍한 인생 고민 상담이 오간다. 저널리즘스쿨이 나아갈 방향에 대해 자연스러운 토론도 이어지고, 이제 갓 건축학과를 졸업한 사회 새내기의 시선으로 바라보는 건축계 이야기도 함께 나눈다. 결론이 지어지는 논제는 하나도 없지만 그 과정을 즐기고 또 즐긴다.

와이드AR 저널리즘스쿨은 내 청춘의 고민거리를 두근거리는 용기로 바꿔주었고, 새로운 시각으로 세상을 바라보게 만들어 주었고, 팍팍한 세상에서 자유로운 꿈을 꾸고 나눌 수 있는 동지를 만나게 해준 소중한 기회의 장이었다.

방황과 도전의 발걸음

고경국(1기)

괴테의 『파우스트』에 이런 구절이 있다.

'방황해보지 않고는 진실에 이를 수 없다.'

어느 순간의 느낌만으로 자신도 모르게 발길 닿는 대로 가는 길이 결과적으로 시간 낭비만 하고 되돌아 올 수도 있지만 가보지 않고서는 내가 원하는 길이 무엇인지 알 수 없다. 그 순간의 느낌이 내가 진정 바라는 것을 향해 나아가게 해준다고 생각한다. 나는 간향건축저널리즘워크숍과 만났을 때 다짐했다. 다시 제자리로 되돌아올지언정 새로운 첫발을 내딛어야한다고.

어느 겨울, 방구들을 달구며 고민을 하고 있었다. 4년간의 학교에서 배운 설계가 지겨웠다. 돌이켜보니 시원찮은 성적에 놀기 바쁘던 시간들이 점철되었다. 도망치듯이 휴학을 하였다. 단지 자전거여행을 위해 알바를 하며 돈을 모아야겠다는 생각뿐이었다. 나는 그리 사교적이지 않았고 새로운 것을 시작하기에는 너무 두려움이 많았다. 자전거나 등산, 독서 등 혼자 즐기는 게 편했다.

저널리즘워크숍을 알게 된 것도 혼자 책방을 돌아다닐 때였다. 그래도 건축에 미련이 있었던지 건축 잡지 매대를 뒤적이다가 《와이드AR》를 발견하였다. 《와이드AR》은 내가 봐왔던 건축 잡지와 많이 달랐다. 잡지이름 그대로 넓은 시야로 건축뿐 아니라 주변 세상을 바라보고 있었다. 그리고 마침 간향건축저널리즘워크숍 1기를 모집하고 있었고, 그것은 내 방황의 시작이 되었다.

1기 동기생들은 저마다 다른 생각과 꿈을 가지고 모였지만 공통적으로 건축이라는 테두리에서 벗어나기 위해 모였기에 강의가 거듭될수록 서로 나눌 이야기들이 많아지며 우리가 나아가야할 미래에 대해 좀 더 깊은 고민을 나누게 되었다. 또한 건축과 저널리즘 뿐 아니라 인문, 사회, 역사 등 다양한 분야에 걸쳐 강의가 진행되며 세상을 보는 시야를 넓혀 나갔다. 특히 워크숍이 끝났을 때 건축을 하고자 하는 사람으로서 스스로 한심할 정도로 부족한 면을 느끼게 되었다. 건축은 삶을 담는 그릇이라고 할 정도로 사람들이 살아가는 사회와 밀접한 관련이 있는데 무관심해왔던 것이다. 그래서 1년을 다시 시작하기로 결정하고 그동안 자전거여행을 위해 모은 돈으로 모(某)대학 문예창작과정을 지원하여 문학을 공부하였다. 이 또한 1년 과정으로 또 한 번의 방황이자 도전이었고, 이는 나 자신 뿐만 아니라 더 나아가 우리의 삶과 사회를 다른 시각으로 바라볼 수 있는 디딤돌이 되었다.

이런 변화를 이끌어준 간향건축저널리즘워크숍은 우물에 갇혀있던 나를 더 넓은 세상과 소통할 수 있는 기회를 주었으며 그리고 무엇보다 중요한 것은 내 삶에 소중한 '사람' 들을 만나게 해주었다. 각기 다른 생각과 꿈을 가진, 그러나 간향이라는 이름아래 모이게 된 그들과 서로의 생각을 나누며 고민하고 미래를 이야기한다는 것이 매우 행복했다. 저널리즘워크숍으로 인연이 맺어지고 5년이 지나 글을 쓰는 이 순간까지 그리고 앞으로 내가 가는 길에 간향의 정신은 항상 함께 할 것이다.

[2010]

건축 연정(戀情)

정사은(1기)

누구에게나 하나쯤 늘 봐도 질리는 법 없이 즐거운, 애정의 대상이 있을 것이다. 나에겐 그게 건축이다.

대학을 다니며 미술과 조형으로 접한 건축이었다. 지금 생각해보면 재미로 시작한 순수한 호기심이었기에 가능한 열정이었다. 백 개의 건축물이 백 개의 이야기를 담고 있는 건축은 미술과 음악보다 더 매력적으로 다가왔고, 빠져들 만한 깊이도 갖추고 있었다. 학교 과제도 아니고 시키는 사람도 없는 이 공부 아닌 공부는 두꺼운 건축사 책조차 판타지 소설을 읽는 듯 흥미로웠다.

지금에 와서 무엇이 그리 매력적이었느냐 묻는다면 형태도 크기도 아닌, 사람을 담는 그릇이라는 용도였다고 대답하겠다. 잡지나 매체에서 건물을 볼 때면 그 안에 내가 들어있다고 생각하고 입구에서부터 각 실과 공간을 누비는 게 버릇이었다. 그 당시 《공간》지는 매달 일본 주택을 꾸준히 다뤘고, 먹고 자고 입고 사는 삶의 현장을 담는 그릇인 주택은 전공자가 아닌 내 수준에서 가늠할 수 있는 스케일과 예측할 수 있는 행동 패턴으로 더욱 즐길 거리가 되어주었다.

간향건축저널리즘워크숍은 세상과 이야기하는 수단으로써 건축을 택하기로 결심한 후의 큰 행보였다. 그때는 이상하게도 '하고 싶다' 보다 '해야만 한다' 는 마음이 더 컸던 걸로 기억한다. 학부 비전공자로서 건축대학원 신입생이었기에 자격조건에 부적합해 떨어질지도 모른단 생각이 앞섰지만 '에라 모르겠다. 일단 보내자!' 하고 원서를 접수했다. 나중에 전해들은 후문으로는 첫해라 지원자가 그리 많지 않았다고 하니, 나의 합격은 '덤' 으로 얻은 혜택임이 틀림없다.

무슨 일이든 처음이 어렵다. 건축을 가지고 저널리즘을 한다는 말은 이 나라에서는 맨땅에 헤딩하는 일만큼이나 막막한 일이었다. 하지만 새로 만들어 갈 가능성이 무한하다는 말도 될 수 있다. 전진삼 소장님을 필두로 몇몇 건축전문지와 여러 매체의 건축전문가들이 힘을 모으기 시작한 그 첫걸음에 멋모르는 우리 1기 풋내기들이 뛰어든 셈이다.

솔직히 고백하자면 나는 교육과정 중 일곱 달가량은 우왕좌왕했던 것 같다. 듣는 강의가 무엇을 말하는지도 모르겠고, 보는 영화가 왜 만들어진 영화인지도 파악 못하는 그런 어리바리한 시간을 보내고, 아주 조금 알 것 같아지기 시작하자 워크숍이 끝나버렸다.

그래서일까? 워크숍을 되짚어보면 가장 먼저 생각나는 단어는 '사람' 이고, 그 다음은 '술' 이다. 1기 동료들과 함께 나누는 건축 이야기가 더없이 즐거웠고, 그들과 함께하는 술자리는 숫기 없는 나에게 과하지도 부족하지도 않은 강도였다. 지금까지도 회자되곤 하는 전 소장님의 '계란주' 는 대대손손 물려주어도 좋을 '전통' 이 되었다.

이처럼 간향건축저널리즘워크숍은 '무모한 도전' 과 '어리바리한 풋내기' 그리고 '사람' 과 '술' 이란 단어를 남기고 그 대망의 막을 내렸다. 우습게도 건축보다는 다른 게 더 기억에 남아 부끄럽긴 하지만 그래서 더 행복한 기억으로 남은 게 아닌가 싶다.

생각은 혼자 하는 것보다 여럿이 함께 할 때 더 커진다. 간향건축저널리즘워크숍은 그걸 배운 자리다. 함께 한 이들과 나눈 이야기, 그리고 그들과 같이 보고 공유한 것들이 내가 건축을 보는 시선의 영역을 만들고, 이를 키우는 거름이 되었다.

이제는 주택이라는 일정한 유형을 가지고 잡지를 통해 사람들과 소통하는 직업을 가지고 있다. 커다란 담론이 아닌, 소소한 사람들의 삶을 주워들으며 손에 잡히는 건축을 매일 만난다. 워크숍을 하며 다시금 깨달은 건축에 대한 끝없는 애정이 직업의 현장에서 비전을 제시하는 빛이 되어줌을 고백한다. 내 에너지의 원천이자 내 마음이 늘 든든한 이유가 바로 간향건축저널리즘워크숍, 이곳에 있다.

당신들이 궁금합니다

신은별(2기)

누군가를 만나는 것, 사랑하는 것, 깨우쳐 가는 것을 함께 한, 지나오면 그때뿐일 되돌릴 수 없는 시간들을 나눈 사람들.

우리의 각자는 책과 같아서 우리가 살아온 이야기들이 그 속에 한 장, 한 장 쌓여 가는데, 어떤 이는 제목과 겉에 쓰인 것만 보고 판단하기도 하고, 어떤 이는 보고 싶은 부분만 골라 보기도 하고 어떤 이는 정독을, 어떤 이는 한 번에 여러 책을 다독하기도 한다. 내용은 변치 않고 기록은 바뀌지 않지만 읽는 이마다 각자 다르게 생각하고 저마다 다양한 의미로 받아들이기도 한다.

그런 의미로 볼 때, 이전의 나는 누구나 읽고 싶도록 눈에 띄는 자극적인 문구와 함께 겉에만 치중했다. 속 빈 강정과 같은 시간 속에서 내 모호한 정체성이 방황하는 삶이라 치부해 버렸다. 하지만 이제는 애써 노력해서 겉치장하려 하지 않고 과장된 표현으로 채워 나가려고도 하지 않는다. 나란 사람이 좋으면 곁에 가까이 하고, 두고두고 볼 것이며 다른 사람에게도 알려주고 아껴줄 테니까. 이 변화의 계기에는 이들이 함께 있었다. 어느새 모난 나를 부드럽게 만든 데에는 우리가 나눈 특별한 것은 없지만 놀라웠던 시간들이 있다.

이런 각각의 책이 한 주제에 맞춰 한 시기에, 한 데 모인 적이 있었다. 저마다 성별도 학교도 자라온 환경도 성격도 다 달랐지만, 신기하게도 서로에게 모자란 부분 없이 서로를 한 장 씩 넘길 때마다 감동하고 기뻐했다. 인생의 자리가 정해지지 않은 시기에 만나 밤새 고민도 나누고 웃고 떠들며 그 시간을 함께 지나올 수 있었다. 각자의 장에도 우리가 함께한 순간들이 남아, 화려하지 않지만 존재감 있게 한 구석에 묵직하게 자리 잡았다. 3년이란 시간이 흘러 지나가는 중이지만, 그 기억과 시간의 기록들 덕분에 지금에도 바로 어제 만난 사람처럼 우리의 모습은 2011년 그때 그 모습으로 돌아가 그 열정과 활기로 앞으로 계속될 시간들에 서로 즐거워하며 더욱 풍족하게 다른 장들도 채워 나갈 수 있는 것이다.

이 인연들이 처음부터 정해졌던 것처럼 때로는 너무 익숙하고, 놀라우며 감사해서 내 인생에 이런 멋진 장면들과 구절들을 갖고 있는 사람들과 함께 살아 갈 수 있다는 사실에 감사한다. 벌써 1기, 2기, 3기, 4기, 5기 축적된 시간동안 다양하고 멋진 사람들이 모여 《와이드AR》의 책장을 채워나가고 있다는 사실에 뿌듯하고 앞으로 우리가 어떤 삶을 살아나가고 어떤 모습으로 공유할까 기대된다. 부족하지만 다양한 가능성과 에너지를 갖고 있는 우리에게 서로 한 데 모여 목소리와 색을 낼 수 있게 해 주신 전진삼 소장님과 저널리즘스쿨 및 《와이드AR》 관계자 모든 분들께 감사드린다.

글을 맺는 이 순간, 지금까지의 우리와 앞으로 시공간에 채워질 수많은 당신들이 궁금하다! 우리는 누군가를 만나고, 서로 사랑하고, 함께 깨우쳐 가는, 그때뿐인 되돌릴 수 없는 빛나는 시간을 나눈 사람들이니까. 당신을 사랑합니다.

[2011]

리듬을 타짜쪄로

이철호(2기)

'간향건축저널리즘워크숍 2기 수료식. 1년을 함께 했던 상민, 훈, 혜영, 은별 그리고 막내 승리와 함께 할 수 있는 마지막 순간이 왔다. 지난 시간 짧지만 의미 있게 지나간 것은 그들과 함께한 덕분이다. 저널리즘워크숍을 통해서 저널리즘에 대한 이해와 잡지가 만들어지는 과정(촬영, 취재, 편집, 인쇄 등)을 배울 수 있었던 것은 값진 경험이었다. 지금 이 순간의 열정을 잊지 않고 더욱 발전시켰으면 좋겠다...'

일기를 쓰는 것은 쉽지만 지난 기록을 다시 꺼내 읽어본다는 것은 익숙하지 않은 경험이다. 일기장 속에 나는 저널리즘워크숍에 푹 빠져있었다. 학교에서 배우지 못하는 건축저널리즘을 배워보겠다는 호기심에 두근거렸고, 비슷한 생각을 가진 친구들과 함께 어울리는 것을 좋아했다는 것이 충분히 전해져온다.

나는 저널리즘스쿨을 집을 짓는 과정에 비유하고 싶다. 땅을 파고, 기초를 박고, 기둥을 세우고, 지붕을 덮어 한 가족이 살기위한 집을 만들듯이 해마다 후배기수들이 수료하는 모습이 마치 우리가 집의 기초, 기둥, 지붕으로서 건축저널리즘이라는 집이 만들어지는 것 같다. 매번 수료식 날이 되면 기쁨 마음으로 다 같이 모여 축하하고 그 다음을 기다리는 것이 함께하는 즐거움 때문이다.

저널리즘스쿨의 10년 뒤 모습을 상상하면서 후배 기수 분들에게 해주고 싶은 말은 '진정한 댄서는 넓은 무대 위가 아닌, 사람이 가득찬 무대 아래에서도 자신만의 스타일을 춤으로 표현할 줄 알아야 한다' 고 한 어느 댄서의 말이다. 우리 모두 자신만의 리듬을 탈줄 아는 진정한 댄서가 되었으면 한다.

[2011]

방황놀이, 그 서막의 열림

—길을 잃을 수 있는 용기와 설레는 첫 만남

김혜영(2기)

처음 가보는 길을 잘 찾으시나요? 저는 소위 말하는 길치입니다. 아주 지독했습니다.

자주 길을 잃다 보면, 자신에게서 몇몇의 반응을 추릴 수 있습니다. *하나, 태연하게 걷습니다.* (잃은 듯, 잃지 않은, 잃은 것 같은 길) 어딘지 몰라도 그냥 무작정 걷다 보면 또 다른 목적지를 발견하게 되지요. *둘, 멈추고 두리번댑니다.* 이윽고 원래 가려고 했던 길을 고불고불 찾아 계획대로 다시 걷습니다. 일반적 반응입니다. *셋, 뒤돌아봅니다.* 그리고 생각합니다. '아... 여기가 아닌가?' 짧은 고민 끝에 시작점을 향해 돌아갑니다.

저희 동네에 오래된 지하상가가 있습니다. 출입구의 번호가 무려 서른셋까지 매겨져 있답니다. 갓 구구단을 외울 법한 나이서부터 눈요기와 먹거리의 천국이었던 거대한 그 고래 뱃속이 어떤 과정으로 번식하며 변화하는지 눈으로 확인하며 자랐네요. 하지만, 그럼에도 불구하고 전 이십 대가 되어서도 그 곳에서 길을 잃습니다. 벌써 길의 형상이 몸에 배어 익숙하지만 순간 유혹거리에 현혹되면 십중팔구 다른 길 위에 서있는 나를 발견합니다. '서' 라도 있으면 다행인 게지요. 제가 꼭 방향인지감각에 장애가 있는 것은 아닙니다. 다만, 목적이 불분명했기 때문에, 그 드넓고 화려한 고래 뱃속을 천방지축 헤집으면, 애초에 어디를 가려고 하는지, 망각한 채 그냥 눈이 휘둥그레져 걷게 되었습니다.

지금껏 제 삶에서 선택권은 언제나 제게 있었습니다. 건축을 공부하게 된 것도, 학교를 선택하고, 누구를 만나고 헤어지며, 찾아 듣고 익히는 것 역시, 주체가 되어 삶을 만들어 나갈 수 있었습니다. 어릴 적부터 배어온 습관적인 선택권. 그 결과가 좋던 나쁘던 간에 온전히 제게 주어지는 책임감. 그렇게 몸소 깨달아 익숙해진 책임감으로 오로지 저만을 원망할 수밖에 없었던 힘겨운 시간들. 작은 균열을 통해 약함이 스물하게라도 내비치면 그 견고하다고 믿고 산 것이 와르르 깨어질까, 조심스럽게 닫고, 열며, 벽과 날을 세우며 그렇게 싸매 놨습니다. 하지만 지난 몇 년, 그 견고함이 무너졌습니다. 아니, 물렁해졌습니다. 큰 충격과 타격에 맞부딪혀 파괴되고, 부서졌다면 새로운 방패를 만들 (또 다른) 방황을 찾았겠지만, 보다 더 견고하고 따뜻한 망에 덮여 내부적 갈등과 자괴감으로 물컹해진 그것 때문에, 어찌할 바 몰랐습니다.

단 몇 년의 허약함으로 책임을 회피하고, 유약한 핑계 뒤에 숨어 지내며 더 이상은 감당 못할 습관이라며 도망가고자 했던 지난날을 반성합니다.

그래서 저에게 방황은 짝사랑의 아릿한 감정과 비슷합니다. 방황할 수 있는 용기를 만들어준 당신들에게 고맙습니다. 아직도 최종 합격자발표가 나던 날을 잊지 못합니다. 깊은 곳에서 솟구치던 뜨거운 눈물. 하고 싶은 것을 할 수 있다고 믿게 해준 그 순간, 그 눈물로 채워진 원동력이 아직도 저를 방황할 수 있게 만듭니다.

"자신이 세운 원칙은 힘이 세다. 자아를 이루는 원칙은 삶의 주제가 되고 동기가 된다.
무엇을 선택하는 가 이상으로 중요한 것은 왜 선택하는 가이다.
세상은 무엇을 선택해야 좋다고 가지가지로 유혹할 것이다. 그러나 나의 기준으로 내가 하는 것이 선택이다.
진정 원한다면, 꼭 해야 한다. 꼭 해야 한다면, 할 수 있다."
『김진애, 왜 공부하는가』 중에서

[2011]

운명공동체

유승리(2기)

'아름다운 청춘의 시간을 건축저널리즘에 바친 그대들이여!'

언젠가 전진삼 소장님은 우리를 그렇게 부르셨다.
《와이드AR》 사무실에 옹기종기 모여 서로에게 수줍은 인사를 건네던 것이 벌써 3년 전 일이다. 그 동안 참으로 많은 것들이 변했고, 나는 첫사랑의 추억을 잊지 못해 저널리즘워크숍 중에 만난 건축전문지 《C3》에서 좌충우돌 건축 저널리스트 훈련을 이어나가고 있다.

처음에 난 그리 거창한 꿈도, 큰 욕심도 없었다. 그저 건축과 글, 두 가지를 다 가질 수 있지 않을까 하는 생각에 망설임 없이 저널리즘워크숍에 지원했다. 하지만 한 번, 두 번 수업을 듣다 보니 '저널리스트가 되고 싶다!' 는 마음이 강하게 들었고, 이내 점점 커졌다.

난 참 복이 많은 사람이다. 전 소장님이 그렇게 소리 없이 강하게 내 안에 꿈을 심어주셨고, 지금 나의 '싸부' 이신 이우재 편집장님을 통해 그 꿈은 더욱 단단해졌다. 지난 몇 년간의 짧은 경험에 비추어보더라도 이 길은 결코 녹록치 않다. 포기해야 할 것도 많고, 육체와 정신이 상당히 피곤한 일이다. 부족함을 매일, 매 순간 느끼고 좌절하지만, 또 언제 그랬냐는 듯 이내 마음을 탈탈 털어내고 다시 달린다. 하지만 이 모든 것을 기꺼이 견뎌내면서도 포기할 수 없는, 참 매력적인 일임에 틀림없다.

또 한 가지 감사한 것은 같은 길을 걸어가며 밀어주고 끌어줄 수 있는 동문이 생긴 점이다. 저널리즘스쿨로 한 배를 탄 우리에게 '건축계를 이끌어 갈, 혹은 가야 할 운명공동체' 라는 조금은 거창한 꿈의 이름을 붙여보고 싶다. 날카로운 눈으로 앞서 보고, 건축계의 전체적인 흐름을 주도해나가는 건축 저널리스트로서 우리의 미래를 그려보니 왠지 이 어려운 길을 기쁘고 감사한 마음으로 걸어 나갈 수 있을 것 같다.

청춘을 바치기로 마음먹은 만큼 그 무게는 무거울 수밖에 없고, 또 마땅히 무거워야 할 것이다. 스스로를 위로하자면, 앞서간 선배, 그리고 함께 갈 동기들이 내 곁에 있단 사실. 거룩한 부담감을 안은 채 다시 한 번 힘차게 파이팅을 외쳐본다.

피터팬의 작은 동창회

이상민(2기)

25살 늦은 나이에 군 제대 후 1년간 어영부영 복학 학기를 보내고 나니 피터팬 증후군이 아닌지 의심스럽던 나에게도 미래에 대한 고민은 남들만큼 무겁게 다가왔다.

'나는 무엇이 하고 싶은가? 내가 추구하는 가치는 무엇인가?'

수많은 질문들이 하루에도 수십 번 대답을 기대하지도 못한 채 머리를 맴돌았다. 분명 내가 매력을 느끼고, 이루고 싶은 꿈은 '글쟁이' 였다. 내 이름이 걸린 좋은 책 한권을 쓰는 것. 내가 그려갈 미래가 어떠한 것이든, 그 자리가 무엇이든, 나는 글을 쓰는 것으로 나의 분신을 남기고 싶었다. 그것이 내 일이 되고 일상이 되어도 좋을 정도로 나는 한껏 꿈을 안고 있었다. 하지만 꿈과 현실의 괴리는 오랜 기간 나의 미래에 대한 결정을 방해했다. 현재의 실력이 미천할지언정 글 쓰는 것에 내 인생을 걸어보고 싶다는 꿈과, '박봉 글쟁이' 로 산다는 힘든 현실이 마음에서 한바탕 전쟁을 벌이고 있었다.

하루하루 지나가는 시간은 아쉽게도 빠르기만 했고, 내 고민이 어느새 대한민국의 경제구조의 불합리성과 건축경기의 침체 원인까지 이르렀을 무렵, 《와이드AR》에서 주관하는 '저널리즘워크숍' 에 대한 소식을 접할 수 있었다. 오로지 펜 하나로 삶을 살아가고 있는 '저널리스트' 의 길이 어떤 모습인지 알려주는 저널리즘스쿨 강좌를 듣고 나면 분명 내가 하고자 하는 일이 현실인지 단지 꿈인지 깨달을 수 있을 것이란 확신이 들었다. 그렇게 2011년, 나는 처음으로 내가 선택한, 하고 싶은 일을 시작했다.

드디어 2기 저널리즘스쿨의 첫 만남. 좌중을 휘어잡는 마성의 목소리라고 할까, 전진삼 소장님은 멋진 목소리만큼이나 멋쟁이 신사였다. 함께 저널리즘스쿨을 시작하게 된 김혜영, 신은별, 유승리, 이철호, 임훈 5명은 모두 인물만큼이나 좋은 사람들이었다. 특히 같은 관심사를 갖고 있다는 점에서 저널리즘스쿨은 6명이 어울리기 가장 좋은 환경이었다. 저널리즘스쿨에서 같은 강좌를 듣기 위해 매달 한번 모이는 날이면 그간 있었던 일부터 세상 돌아가는 이야기, 관심사에 대한 공유까지 하루가 짧을 정도로 시간이 금방 흘러가곤 했다. 한 달에 한 번 나는 다른 친구들과 공유하기 힘들었던 나의 꿈을 저널리즘스쿨에서 풀어냈다.

[2011]

즐거울수록 시간은 금세 지나가고 마는 법. 한 달 한 달 그들과의 만남을 기다리다보니 어느덧 마지막 만남. 하지만 어느 누구도 그날이 마지막이라고 생각하지 않았다. 앞으로 함께할 '저널리즘 동기생 모임' 의 시작이었으니까. 저널리즘스쿨의 매력은 그때부터 시작되었다. 1, 2기 이후 함께 하게 된 3기, 4기, 5기 그리고 언제가 마지막일지 모르는 마지막 기수까지 같은 관심사를 갖고 있는 사람들의 작은 동창회가 만들어진 것이다. 앞으로 누군가는 건축을 떠날지도 모르고, 누군가는 진짜 저널리스트가 될지도 모른다. 그렇지만 이 작은 동창회는 분명 우리가 헤어지는 그날까지 계속 될 것이라 믿는다. 우리 모두가 같은 일, 같은 직업전선에서 함께하고 있진 않지만, 모두들 글을 쓰는데 매력을 느끼고 '저널리스트' 에 대한 열망을 갖고 있기에.

2기 저널리즘스쿨이 끝나고 몇 해가 지난 지금, 누구는 저널리스트가 되었고, 누구는 건축과, 혹은 저널과 관계없는 일을 하고 있다. 하지만 오늘 당장 모두 함께 모인다 하더라도 우리는 2011년 그날처럼 시간 가는 줄 모르고 수다를 떨 것이다. 같은 길을 걷고 있진 않지만 하나의 길을 함께 걷다가 잠시 갈림길에서 헤어졌을 뿐이고, 그 수많은 길들은 언젠가 다시 만날 것이기에.

[2012]

끈

심지수(3기)

"무슨 일 하세요?"

"설명하기 힘들어요"

"복잡한 직업이라서요?"

"...진짜로 하고 있진 않거든요"

-영화 〈프란시스 하〉 중에서

글을 쓰기에 앞서 우선은 내가 무슨 일을 하는 사람인지를 밝혀둬야 글의 전개에 도움이 될 터인데, 도무지 이 장면 말고는 떠오르지가 않아 그대로 옮겨봤다.

1.

지금 당장에 지나가는 어느 건축학과(혹은 그 관련학과) 전공자를 붙잡아 '저기 혹시 와이드AR 저널리즘워크숍에 대해 아시나요?' 라고 물어봤을 때, 우리는 어떤 답변을 들을 수 있을까. 내 개인적인 생각이긴 하지만, '그렇다' 고, '그 집단을 안다' 고 끄덕일 사람을 만나면 오히려 신기할 따름이리라.

그렇다. 여기는 일반적인 경로로 누구나 왔다 갔다 하는, 모두가 다 겪을 수 있는 그런 대중적인 곳은 아니다. 그런데 웬걸. 그 계기가 무엇이었든 간에 이곳의 존재를 알게 된 이상, 알 수 없는 끓어오름과 근질거림을 겪은 이들에게는 지극히 열려있는 곳이며, 예전부터 있었던 혹은 이번 기회로 같이 끌려 들어온 사람들과 이야기를 몇 나누다 보면 그들도 별반 다름이 없음을 느끼게 될 것이다. 그런데 그로부터 조금 더, 조금만 더 함께 있다 보면 묘하게도 이곳으로 모인 자들 사이에 어떠한 공통점이 있음을 발견하게 된다.

내가 저널리즘워크숍을 수강하던 때는 이미 학부생으로서의 마지막 해를 보내던 시기였고, 여느 건축학과 5학년생들과 다름없이 여러 강박을 앓고 있었다. 곧 졸업을 할 터인데 그 후에는 무엇을 해서 밥벌이를 하고 살 건지에 관한 강박이라면 자연스러운 현상이겠지만, 나의 경우에는 또 다른 고민이 있었고, 그게 나를 옥조이고 있었다. 개중에는 부모님의 기대도 한 몫 하고 있었는데, 그러니까 건축과를 졸업하면 (그것도 남들보다 1년을 더 다녔으면!) 당연히 설계사무소에 취직해서 이 나라 건축계에 이바지하리라는 그러한 기대 말이다. 한 술 더 떠서, 졸업 시즌이 다가오자 교수님들은 졸업반 학생들이 어느 사무소에 입사하길 희망하는지를 기어코 알아내려고 했다. 지도 교수님과의 취업상담 중에서 결국 나는 '설계사무소에는 지원하지 않을 것이며, 건축 잡지사 쪽을 알아보고 있다' 고 털어 놓았다. 돌아온 건 간단하게 '건투를 빈다' 는 식의 위로(?)의 말뿐이었다. 그 와중에 주말마다 나들이 가는 기분으로 와이드행 기차에 올라탈 때면 그 순간부터는 강박을 잠시 털고 곧 듣게 될 강의 내용에 집중하고자 했다. 지금에 와서야 고백을 하지만 모든 강의가 만족스러웠던 것은 아니었다. 어떤 수업은 말 그대로 딱딱한 의자에 앉아 강의만 듣다 온 기분이었고, 또 어떤 수업 때엔 강의 내내 가만히 있기가 힘들 정도로 내안에 불을 지폈던 적도 있었다. 후자의 덕분에 워크숍이 끝나갈 무렵쯤엔 나도 무엇을 해야겠다는 판단이 섰고, 나의 삶에도 목표라는 것이 생겼다. 물론 워크숍의 초기 목표와 전진삼 소장님의 취지에서는 벗어난 선택을 했다고도 볼 수 있다.

2.
그로부터 한 해가 지나 저널리즘워크숍 4기 친구들을 만났고, 또 다음 해, 바로 지난 주말에는 5기 친구들을 만났다. 들어서는 순간, 전과 달리, 솔직히 말하자면 그렇게 편한 마음으로만 그들을 대할 수는 없었고, 내 이야기를 할 수도 없었다. 대체 왜 그랬을까, 생각을 해보니 난 저널리즘워크숍과 학부를 졸업함과 동시에 내 일이 바빠 한동안 잊고 있었던 것을 다시 떠올리는 데에만 해도 불필요한 에너지를 쓰고 있었고, 소통이 되지 않는 듯한 일방적인 상황에서는 도태감 마저 느꼈기 때문이었다. 그런데 신기한 점은, 그럼에도 불구하고, 주제가 무엇이든지 간에 이들과 함께 이야기를 이어 나가다보면 어느 순간 난 다시 좋은 자극을 받았고, 내 속 이야기를 툭 터놓고 토해내게 된다는 것이었다.

난 요즘 건축 저널리즘에서는 벗어난 일을 하고 있다. 그래서 무엇을 하느냐고 묻는다면 앞에서 말했듯이 '실제로 하고 있지는 않아서 설명하기가 힘들다' 고 말하고 싶고, 앞으로도 (몇 년이 될지는 모르겠지만) 당분간은 그렇게 말 할 것 같다. 더욱이 이번처럼 와이드AR 저널리즘스쿨이 내가 하는 일에 무슨 영향을 주었느냐고 묻는다면, 글쎄... 답을 하기 이전에 '아직은 때가 아니다, 잠시만 기다려 달라' 고 부탁드리고 싶다. 어쨌거나 무엇보다 분명한 건 아직도 내가 이런 구구절절한 이야기를 적고 있도록 만들지 않았는가! 이게 내 답의 최선인 것 같아 이만 줄인다.

[2012]

어느덧 와이드AR 저널리즘스쿨이 5기까지 이어졌다. 늘 그래왔지만 더욱더 다양한 친구들이 모였으면 좋겠고, 우리는 이렇게 흔치 않은 끈을 함께 잡게 되었다. 바람이 있다면 이 무시무시한 연결고리를 잊지 않고 각자 제 분야에서 들려줄 수 있는 이야기를 끊임없이 생산하고 나누었으면 한다.

너무너무 솔직한 사람들

정지혜(3기)

건축 또한 문화 예술로서 인정받고 있는 지금 건축 공부를 하면서, 국내의 다양한 건축 저널들에 아쉬움을 가지고 있었다. 물론 건축에 대한 대중의 관심도가 높아지면서 과거에 비해 '인문학' 이라는 타이틀을 가진 건축서적이 많이 나타났다. 하지만, 대부분의 저널들은 건축물의 소개에만 급급하였으며 국내외의 건축적 이슈나 상황에 대한 소개들은 부족하다고 생각했다. 그 때문에 한국의 건축이 가지고 있는 이슈들을 배우고 싶었고, 건축을 같이 공부하는 친구들과 나누고 싶었다.

그런 마음에서 시작하게 된 3기의 저널리즘워크숍은 저널리즘에 대한 기본적 이해 뿐 아니라 건축계를 이끌어가는 선배 건축가들의 다양한 이야기를 듣고 배울 수 있는 시간들로 이루어졌었다. 많은 선배 건축가들은 건축이 문화로서 자리 잡고, 대중과의 소통을 위해 다방면으로 고민하고 있었다. 한때는 그런 역할들이 일부 건축가들의 몫이라 생각했다. 하지만 지금은 건축계에 있는 모두가 고민해야할 부분이라 생각한다. 건축을 배우기 시작하는 학생들까지도. 지금까지 대학이라는 작은 세상 속에서 건축을 배워왔다면, 지금부터는 스스로 찾고 생각하는 건축 공부를 할 시점이 된 것 같다.

워크숍을 통해 얻게 된 또 다른 큰 부분은 워크숍을 함께 듣던 동기들과 먼저 들었던 선배들과의 만남이다. 동기들과 선배들은 서로에게 가장 좋은 친구이자 멘토가 되어주고 있다. 같은 시대에 같은 고민을 하는 사람을 만나 현재의 자신이 고민하고 있고, 겪고 있는 시간들에 대해 함께 이야기를 나누며 공감한다. 또한, 세상 어느 책에서도 찾을 수 없는 솔직한 말을 거침없이 해주기도 한다.

졸업반인 나는 아직까지도 대학 졸업 후 건축세상에서 어떤 일을 할 것인가에 대해 결정하지 못했다. 하지만 한가지만큼은 확실하게 마음속에서 정해졌다. 그것은 건축계에서 어떤 일을 하더라도, 건축물을 그저 공학적 사고만 갖고 접근하는 것이 아니라 한국건축과 건축 문화에 대해 깊게 고민해야한다는 것이다. 이 다짐을 계속 지켜가면서, 한국 건축문화가 무엇인지, 어떤 방향으로 나아가는지 몸으로 익히게 된다면, 건축문화에 대한 인식이 여전히 척박한 이 땅에서 건축이 문화로 자리매김하는데 나 또한 의미있는 역할을 하고 있지 않을까 싶다.

[2012]

귀향

김이슬(3기)

건축 저널리즘 수업을 들은 지 벌써 2년이 지났다. 저널리즘 수업을 처음 접할 당시 난 서울의 작은 설계사무소에 다녔었고, 이상과 현실에서 오는 괴리감, 힘든 업무량, 적은 임금 등으로 힘들어하고 적응하지 못하던 차였다. 일종의 도피처를 찾고 있던 중 저널리즘워크숍에서 3기를 모집하고 있었고, 적응하지 못했던 설계사무소가 아닌 건축의 새로운 분야를 경험해보고 나아가 미래를 위해 더 나은 선택을 하고자 원서를 냈었다.

저널리즘워크숍 합격과 동시에 회사를 그만두고 원래 살던 곳, 청주로 거처를 옮겼다. 수업을 위해 서울과 청주를 오가던 버스 안에서 내가 할 수 있는 것, 내가 정말 하고 싶은 것에 대해 가장 많은 고민을 했었다. 저널리즘을 배우는 동안 단순히 건축이 설계를 잘한다고 되는 것이 아니라 사람과 공간, 사람과 사회 등이 소통할 수 있도록 하는 것이라는 걸 깨달았다

저널리즘 수업은 건축 그리고 건축이 일어나는 사회를 똑바로 바라볼 수 있는 눈을 뜨게 해주었고, 다양한 분야의 사람들과 소통할 수 있는 기회를 제공했으며, 무엇보다 적응하지 못하고 도망쳤던 설계분야로 나를 다시 돌아올 수 있도록 해주었다.

사실 저널리즘 수업을 수료하면서 블로그를 만들어 사람들과 다양한 분야에서 소통할 수 있도록 하고자 했었으나 시간이 없단 핑계로 하지 못했는데 다시 블로그를 개설해야겠다는 생각이 고개를 쳐든다. 늦었지만 저널리즘 수업에서 배웠던 그 저널리즘 정신을 찾아서!

나의 첫 커뮤니티

공을채(4기)

어릴 적 수학선생님이 착했고, 잘생겼었다. 선생님한테 칭찬을 받고 싶어서, 수학공부를 열심히 했다. 사람들은 누구에게 어떻게 무엇을 배우냐에 따라, 그 사람의 성향이 달라질 수 있다고 생각한다. 나는 저널리즘스쿨에서 좋은 선생님께, 사회에서 가르쳐주지 않았던 저널에 대한 기본적인 것을 개성강한 사람들과 함께 배웠다. 저널리즘스쿨은 나에게 두 가지를 주었다.

하나는 저널이다. 당시 나는 월간《건축문화》 기자로 일을 하고 있었다. 사회에 갓 나온 새내기 기자인 내게 저널이란 무엇인지, 취재는 어떻게 해야 하는지, 기자는 누구고 건축계 안에서 무엇을 해야 하는지 알려주는 사람도, 귀띔해주는 사람도 없었다. 당연히 지금 내가 잘하고 있는 것인가? 하는 의문이 수시로 끼어들곤 하였다. 그래서 좀 더 자세히 배워보고 싶은 마음에 현직 잡지사 기자 신분임에도 불구하고 저널리즘스쿨에 지원서를 내게 되었다. 김재경 사진작가님의 사진에 대한 강의, 구본준 기자님의 일간지 기자와 잡지기자의 차이점과 기자에 대한 일반적 이야기, 안철흥 선생님의 글쓰기에 대한 냉정한 비판을 들으며, 저널리스트가 가져야 하는 기본적인 것에 대해 알 수 있었다.

두 번째는 인연이다. 저널리즘스쿨 멤버들을 자식처럼 잘 이끌어주고 계신 전진삼 소장님, 동기인 4기와 1,2,3기 선배들, 5기 후배들까지, 사회에서 잘 만날 수 없는 커뮤니티 안에 내가 자리하게 되었다. 3기 수료식 날 나는 처음 저널리즘스쿨과 맞닥뜨렸다. 서로의 안부를 물으며, 챙기는 1~3기생들의 모습이 따뜻해 보였다. 각박한 사회생활 속에서 저널리즘스쿨은 내겐 단비 같은 존재였다. 같이 과제를 하거나, 여행을 가거나, 같은 일을 하면서 더욱 서로를 알아갈 수 있었다. 이러한 인연으로 지금은 4기 동기생인 김명규 대표와 함께 한국 건축을 해외에 알리는 일을 시작하게 되었다. 아직은 직업전선에서 초보인 우리를 항상 응원해주는 4기 동기생들과, 사업에 대해 멘토링을 해주시는 소장님, 저널리즘스쿨이 아니었으면 만날 수 없는 인연이다. 욕심이겠지만 저널리즘스쿨이 10기는 물론 100기까지 쭉 이어지길 바란다.

[2013]

반전

곽선아(4기)

우연히 시작하게 된 건축이 좋았고, 이십 여 년이 넘는 시간 동안 엉켜 있던 공간과 다른 공간을 거닐면서, 본래 좋아했던 글쓰기와 사진 찍기를 기억해냈다. 그것이 바로 와이드AR 저널리즘스쿨에 지원하게 된 동기였다. 사람이 살아가는 시간은 오묘한 것이라 한다. A라는 사건이 B라는 상황을 만든다는 공식은 존재하면서도 존재하지 않는다. 즉, A라는 사건이 B라는 상황으로 이어질지 C라는 상황으로 이어질지, 혹은 아무런 사건으로도 이어지지 않을지는 아무도 모르는 것이다. 다만 시간의 흐름은 보편적인 성질인 듯하다.

와이드AR 저널리즘스쿨을 수료한 지 1년 정도의 시간이 흐른 지금, 그가 나에게 어떠한 의미로 남아 있는지를 되새겨 본다면, '반전' 이라는 두 글자로 축약할 수 있다. 건축과 글쓰기, 사진 찍기를 좋아한다는 특성은 '건축에 대한 글을 쓰는 이' 로 연결되기에 충분했으나, 그가 '내가 좋아하는 일' 로 연결되기에는 충분치 않았다. 세상의 대부분이 보고, 듣는 것과 실제로 경험해 보는 것과는 다르다고 하듯, 그도 그러했다. 건축을 전공하는 대학생의 신분으로 건축에 대한 글을 쓰는 것과 사진을 찍는 것은 즐거움이었지만, 학생 기자의 신분으로 건축에 대한 글을 쓰는 것은 압박으로 다가왔다. 좋아하는 것들의 결합이 반드시 긍정적인 시너지 효과로 이어지지는 않는다는 것과 아직 나에게는 압박을 '적당한 스트레스가 가져올 효율성' 으로 승화시킬 수 있는 능력이 부족하다는 것을 알았다.

그럼에도 와이드AR 저널리즘스쿨에 대한 애착이 여전한 것은 그 곳에서만 만날 수 있는 '꿈꾸는 사람들' 이 있으며, 그들을 단단하게 엮어주는 '소통' 이 있기 때문이다. 세상에는 꿈꾸는 이가 참 많다. 하지만 그들 중 대부분은 현실이라는 가림막으로 자신의 꿈을 감춘 채 일상을 살아간다. 그리고 시간이 더 흘러갈수록 그들은 함부로 그들의 가림막을 들춰내지 못한다. 그렇기에 우리는 자신의 꿈이 존재한다는 사실은 물론이거니와 타인에게도 그들의 꿈이 존재한다는 사실을 크게 인지하지 못한 채 살아간다. 저널리즘스쿨에서는 서로가 서로의 가림막을 걷어내는 것을 돕는다. 한 달에 한 번, 혹은 1년에 한 번 겨우 얼굴을 마주할 지라도 함께 하는 소통의 공간은 다양한 꿈들의 교류로 이어진다. 현대적인 가치관이 만들어낸 합리적인 일상을 살아가는 이라면, 이와 같은 교류에 대해 좋지 않은 시각을 던질지도 모른다. 하지만 그러하기에 이곳은 더욱 소중하게 존재한다.

오늘 현재, 반(半)오십의 나이를 가지고 살아가는 지금, 지금의 나에게 그는 여전히 '반전' 이라는 깨달음으로 존재한다. 하지만 시간은 지금까지 그래왔듯 앞으로도 흐를 것이며, 그가 앞으로 나에게 어떠한 의미로 존재하게 될 지는 아무도 모르는 일이다. 단지 내가 살아온 시간과 다른 시간을 살다 돌아온 시점에 저널리즘스쿨을 만났고, 삶에 대한 고민이 짙은 시기에 저널리즘스쿨과 함께 한다는 것은 참으로 다행인 일이다.

에디터가 된 K

권혜정(4기)

저널리즘스쿨은 항상 내게 고마운 존재인데, 글로 쓰려고 하니 오래된 친구에게 처음 쓰는 편지처럼 마음 한 구석이 간지러운 느낌이다. 그래도 고마움의 표현은 해야 알게 되듯이, 이번 기회에 작정하고 고마움의 표현을 해봐야겠다.

저널리즘스쿨은 내가 에디터라는 직업을 갖게 한 가장 큰 조력자이고, 선생님이다. 막연하게 건축 잡지라는 것에 관심을 갖게 된 내게 구체적인 저널을 보여주었고, 그것에 한걸음 다가서고 그 꿈을 이룰 수 있게 해주었다. 처음에 저널리즘은 학원에 등록하듯이, 내게 주입식으로 교육시켜 줄 것을 기대하고 갔으나, 열린 교육 방식으로 길과 방향은 알려주지만 방법은 스스로 찾아야 했다. 오히려 수동적이고 내성적인 성향을 다소 많이 갖고 있는 내가 그것을 극복하고 뭐든 얻어내려고 하는 좋은 기회가 되지 않았나 싶다. 나로 하여금 발표하고, 질문하고, 표현하는 것에 익숙하게 해준 좋은 기회였다.

내가 건축 잡지 에디터라는 직업을 갖게 된지도 얼마 안 되기도 했지만, 그래도 꿈을 이룬 후에도 그 자리에만 머무르도록 내버려 두지 않았다. 《와이드AR》의 좋은 기사, 다양한 분야에서 활약 중인 선배들과의 대화와 소통, 동기들과의 만남과 대화들, 그리고 5기 후배들과의 새로운 만남은 내게 좋은 자극제가 된다. 덕분에 나부터가 좋은 선배, 후배가 되어야 하고 더 좋은 에디터가 되어야겠다는 생각을 하게 한다. 건축이라는 분야에서도 저널이라는 구체적인 분야에서 공감하고 대화를 나눌 수 있는 사람들이 있어 힘이 되고 좋은 것 같다.

애초 건축 사진에 대한 꿈을 갖고 시작했던 저널리즘스쿨이었지만, 지금은 에디터로 일하고 있어 꿈을 접은 듯이 보일 수도 있을 것 같다. 하지만 항상 마음속에 더 큰 꿈을 꾸고 있고, 현재는 엄청나게 많은 양의 사진을 보고, 편집 보정하는 방법들을 배우고 있다. 더 큰 도약을 위해 내면을 탄탄하게 채우는 중이라고 말하고 싶다. 나를 비롯해 저널리즘스쿨 모든 사람들이 열심히 노력하는 만큼 꿈꾸는 모든 것이 이루어지길 바란다.

마실와이드로 창업하기

김명규(4기)

건축은 삶의 기본요소인 의식주(衣食住)중에 주(住)를 만들어 내는 학문이다. 사람들이 먹고, 자고, 생활하는 대부분의 공간은 건축가들이 설계한 장소에서 이루어진다. 건축가가 되기 위해선 건축학 전공 5년제 대학을 나와 실무경력을 쌓고 난 후 건축사 자격증을 취득할 수 있는 자격을 부여받아야 한다. 그 후 일련의 시험을 통해 10%도 안 되는 합격선을 간신히 통과하고 나서야 비로소 한국에서 보란 듯이 건축 설계를 할 수 있게 된다. 이러한 기나긴 과정의 끝에 만나게 되는 건축가의 위상은 사회에서 알아주는 사람이 되기보다, 경쟁에 밀리지 않으며 생존을 위해 더욱 더 치열하게 삶을 살아야 되는 책임이 부여된다.

문제는 이 같이 고단한 과정에 대한 막연한 두려움과 건축설계에 대한 자신감의 부족으로, 건축을 배우기 위해 남들보다 1년을 더 다니는 5년제 대학을 선택해 들어온 건축학도들은 고학년에 이를수록 고민이 깊어지기 시작한다는 점이다. 대학은 최후의 생존자 10%를 위한 건축가 직업양성소가 되어 건축설계과목을 대폭 강화하여 설계 이외의 과목을 소홀히 하게 되었고, 건축가이기를 포기한 대부분의 건축학도들은 뒤늦게 전혀 다른 길을 찾아 헤매게 되는 것이다.

나도 이러한 생각을 가진 사람 중에 한 명이었다. 건축, 특히 국내 현대건축의 생태계에 대하여 관심이 컸던 상황에서 나 또한 단순히 건축사사무소로 진로를 정할 것인가? 아니면 어떤 다른 영역이 있을까? 라는 공통의 의문을 가지고 있었다. 대학원 논문자료 조사를 위해 다양한 자료를 수집하는 도중 격월간《와이드AR》을 읽게 되었고, 책을 통해 저널리즘스쿨을 알게 되었다. 전문가의 지도하에 글쓰기를 익히고 건축의 다양한 영역을 경험하고 배울 수 있을까하는 생각으로 지원하였다.

처음엔 단순 호기심으로 시작한 저널리즘스쿨 수업에서 나와 같은 고민을 하고 있는 여러 사람들을 만나면서 내 생각의 폭을 넓히게 되었다. 덕분에 단순히 건축설계로 진로를 결정하는 것 이외에도 수많은 방법이 있을 거라는 확신이 끼어들었다. 특히 이 스쿨에 참여하는 사람들 대부분이 한국현대건축에 대한 관심이 상당히 높은 사람들이고, 강사로 참여한 다양한 분들과 인맥을 쌓을 수 있는 과정을 통해 짧은 시간에 수많은 건축 관련 이야기를 들을 수 있었고, 건축을 단순히 학문으로 접근하기보다 문화적 관점으로 접근하게 된 계기가 되었다.

결국 나는 수료 즈음에 매주 건축답사를 다녔던 대학에서의 경험을 살려 건축여행 관련 사업을 추진하게 되었다. 물론 이 사업은 국내 건축 D/B가 오픈 소스로 되어있지 않아 제대로 실행해보지 못했지만 '국내 현대건축 데이터를 활용한 홍보 및 판매' 라는 아이템으로 정식 사업을 시작하는 계기가 되었다. 그리고 현재는 〈마실와이드〉라는 이름으로 국내의 여러 건축가들을 해외로 알리기 위해 노력하고 있다. 그 배경에 저널리즘스쿨을 통해 알게 된 소중한 사람들의 조언과 격려가 힘이 되고 있다.

끝나지 않은 질문들

김성진(4기)

나는 옳은 길을 가고 있는가? 옳고 그름을 어떻게 판단하는가? 그 기준은 무엇인가? 내 자신의 옳음을 판단하는 것이 가능한가? 현실보다 꿈이 옳은 것인가? 아니면 그 반대인가? 이러한 고민 자체는 합당한가? '나'는 왜 이런 고민을 해야 하는가? 궁극의 '나'는 존재하는가? 여러 명의 '나'는 민주적인가? 혹은 독단적인가? 민주 혹은 독단을 통해 내린 결정에 따라야 하는가? 그 결정이 나를 책임질 수 있는가? 그러면 나는 행복해지는가? 나는 지금 행복한가? 행복해지기 위해선 무엇을 해야 하는가? 저널리즘스쿨은 나에게 얼마만큼의 영향을 주었는가? 저널리즘스쿨을 안 만났더라면, 혹은 1년 일찍 경험했더라면 무언가 바뀌었을까? 그 바뀐 것에 나는 행복을 느꼈을까? 그곳에서 나의 글은 발전하였는가? 나의 생각은 발전하였는가? 나는 발전하였는가? 나는 발전해야만 하는 건가? 나는 무엇을 위해 발전해야 하는가? 나의 목적은 무엇인가? 나의 글이, 건축이, 그 무언가가 목적인가? 목적이란 게 존재하긴 하는가? '내'가 설정한 나의 목적은 별것도 아닌 자기 위로에 그치고 마는, 그런 무기력한 것은 아닌가?

그럼에도 불구하고, 나는 왜 후회하지 않는가? 어떻게 끝까지 내가 옳다고 생각할 수 있었는가? 왜 행복하다고 느끼는가? 눈 오는 날의 강아지처럼, 레이저 포인터 앞의 고양이처럼 무엇이 나로 하여금 꿈을 좇게 만드는가? 어떻게 나는 아직도 좋은 글을 읽으면 황홀하고 좋은 건축을 보면 정신을 놓는가? 황폐하고 건조한 나의 세계는 왜 아름다워 보일까? 나의 세계 안에서 나는 왜 행복을 느끼는가? 저널리즘스쿨을 통해 나는 완성되었는가? 혹은 결정되었는가? 그렇다면 나는 아직도 성장하고 있는가?

요(樂)필로그

박지일(4기)

대학원 설계스튜디오 크리틱에 나타난 전진삼 소장님과의 만남은 우연이었다. 교수님으로부터 그의 소개를 듣고 '저널리스트' 로서 어떤 조언을 해줄 것인가 내심 궁금했다. 사실 설계스튜디오의 크리틱이야 뻔하지 않은가. 욕을 먹거나 칭찬을 받던가, 혹은 심하게 추상적이라 이해를 못하거나. 물론 받아들이는 사람의 기준은 다르겠지만. 그러나 그의 크리틱은 조금 달랐다. 날카로웠고 지적이었으며, 지극히 현실적이었다. 그것이 나에게는 꽤나 신선했다. 《와이드AR》이라는 비평 잡지의 존재만 알고 있었을 뿐, 접해보지 못했던 나에게는 그저 미지의 세계였다. '건축가' 가 아닌 '저널리스트' 로부터의 크리틱은 나에게 저널에 대한 공부를 시작하게 된 첫걸음이었다.

개인적으로 이런 과정이 있다는 것에 무척 감사했다. 실제로 잡지, 저널 관련분야에서 일을 하고 싶어 하면서도 방법에 대해 전혀 몰랐고, 무엇을 공부해야 하는지도 전혀 몰랐기 때문이다. 그래서 '저널리즘스쿨' 은 무척 의미 있는 과정이었다. 실제로 건축 잡지사에서 일 하게 되었고, 잡지 에디터로서 경험하는 일들 대부분이 이 과정을 통해 거쳤던 일들이라 생소하지 않았으며, 미래의 더 큰 계획을 세울 수 있는 계기가 되어주었다. 이곳에서 배운 것들을 실제로 옮기기에는 많은 시간이 걸리겠지만, 도전을 망설이며 시작이 어려운 나에게는 계기가 되었다는 것이 중요하다고 자평한다.

미래의 일을 두려워하는 후배들에게 이 과정을 수료한 것만으로도 남들보다 절반은 앞서있다고 말해주고 싶다. 그저 스펙 쌓기용 토익, 진정성 없는 봉사활동, 암기해서 취득한 자격증. 이런 것들이 각자 앞날에 어떤 의미가 있을까? 천편일률적인 스펙들을 위해 시간을 보낸 다른 이들보다는, 훨씬 가치 있는 시간을 보냈다고 본다.

'저널리즘스쿨' 을 통해 접하게 된 훌륭한 디렉터와 그동안 만났던 저명한 인사들, 이곳을 통해 성장한 1~4기 동문들은 이 과정을 거친 사람만이 가질 수 있는 일종의 보험이다. 이러한 모든 과정에서 디렉터인 전진삼 소장님의 역할이 컸음은 부인할 수 없다. 이것은 '전진삼 찬가' 가 아니다. 척박한 국내 저널 시장에서 이러한 과정을 통해 후진양성에 힘 쏟는 선배 건축인들이 몇이나 있을까? 그것만으로 그는 박수 받아 마땅하다. '저널리즘스쿨' 이 앞으로 얼마나 더 지속될지는 모르겠지만 여기서 성장한 또 다른 누군가는 다른 방법으로 한국건축에 대한 공헌을 하고 있을 것이다. '저널리즘스쿨' 을 통해 또 다른 전진삼의 출현을 기대해 본다.

arch in sight

102

2부.
2014 연애의 기록

—칼럼, 에세이, 북리뷰, 인터뷰

[칼럼 1]

변하니까 광장이다

박선희(5기)

나는 꽤 자주 서울시청 앞 광장을 오가는 편이다. 좋아하는 약속장소이기도 하고, 영화를 보거나 미술관에 갈 때에도 시청을 지나치게 된다. 얼마 전에도 근처를 지나다가 시청 앞 광장에 설치된 세월호 희생자 합동분향소를 찾았다. 많이 잦아들긴 했지만 여전히 삼삼오오 조문객들이 찾아오고 있었고, 광장을 들어서면서부터는 어린아이들도 경건한 분위기에 압도되어 목소리를 죽였다. 조문객들의 동선은 상당히 정돈되어 있다. 자원봉사자들의 안내에 따라 줄을 서서 꽃을 받고 분향소에 헌화 후 동쪽 노란 리본의 정원 방향으로 나가면 된다. 사람들은 조문 이후 메시지를 남기거나 정원을 둘러보는 등 안타까운 마음을 쉬 떠나보내지 못하고 서성거리다가 흩어졌다.

시청 앞 광장은 대다수의 시간을 비워진 채로 보내지만, 이렇게 가끔씩 예측 불허한 모습으로 변한다. 불과 몇 개월 전에는 스케이트장과 서울장터 행사로 운영되는 각종 판매 부스가 설치되어있어 꽤 복잡했다. 작년에 약 2개월 간 시립미술관에 강의를 들으러 다닌 적이 있는데, 그 기간 동안에는 야당대표의 장외투쟁 본부가 설치되어 있었다. 재작년에는 싸이의 콘서트로 수많은 인파가 모여 일대 교통까지 마비가 된 적이 있었다.

이렇게 변할 수 있다는 것이 도시공간에서 광장이 가지는 특징이다. 그리고 변화의 과정에서 사건과 메시지를 만드는 것, 즉 하나의 매체가 되는 것이 광장이 지닌 생명력이다. 살아있는 서울광장의 내일은 또 어떤 모습으로 무슨 말을 하게 될까.

평촌과 벌말

박선희(5기)

얼마 전에 일을 그만두는 동료의 환송회를 했다. 그녀는 서울에서 안양을 오가는 한 시간 반가량의 출퇴근길이 시원섭섭하다고 전했고, 일 하기 전엔 몰랐던 평촌이 그리워질 것 같다고 했다. 대부분 서울에 사는 우리 팀원들은 회사가 있는 이곳 평촌이라는 동네에 대해 다들 한마디씩 했다. 아무리 수도권 신도시이지만 서울과의 거리가 너무 멀다는 의견부터 세련된 신도시의 분위기는 나지 않는 촌스러운 동네라는 등의 이야기였다.

이렇게 한참을 이야기하다가 평촌의 옛 이름이 "벌말" 이었다는 사실도 알게 되었는데, 신도시 개발 당시 벌말이라는 이름이 어감 상 적절치 못하다 하여 벌말의 한자어인 평촌으로 바꾼 것이다. 검색해보니 평촌 내에서는 여전히 벌말이라는 지명을 사용하는 상호가 다수 있었고, 변경 당시 지명을 혼용하던 흔적도 찾아볼 수 있었다.

흥미로운 기사도 하나 찾았다. 1996년 한겨레신문 독자의 눈 코너에 벌말의 지명을 평촌으로 바꾼 것에 대한 비판 글이 수록되어 있었다. 벌말은 해당 지역의 지리적 특성인 평평하고 기름진 너른 들판이라는 의미의 순 우리말인데, 굳이 한자 지명으로 바꿀 필요가 있냐는 것이 요지였다. 게다가 시골 '촌村' 자는 일본인이 토지조사사업 시기에 많이 쓴 글자라는 것이다.

도시계획 과정에서 종종 지명이나 지역 경계가 변경된다. 도시가 효율적으로 작동하기 위해서라고 하지만, 사실상 관리자의 입장에서 편리한 방식을 취하거나 혹은 단순한 전시효과를 노리고 있는 것은 아닌지 의심이 들 때도 있다. 올해부터 적용되는 새 도로 주소명도 비슷한 경우이다. 새 도로 주소명이 지리를 파악하고 지역을 구분하는데 편리할 것이라고 말하지만, 우리는 그 과정에서 오랜 시간동안 지역의 지리적 · 문화적 특성을 반영해온 동명을 다수 잃어야 했던 것은 아닐까?

한강공원의 인공 물 놀이터

박선희(5기)

부산이 고향인 친구가 서울생활의 애로사항으로 바다가 없다는 점을 꼽았다. 그래서 바다가 그리워질 때면 한강에서 자전거를 타며 마음을 달랬다고 한다. 한강이 바다에 비길 바가 못 되지만 한강에서 타는 자전거 맛도 썩 괜찮단다.

얼마 전 이 친구가 말한 '한강에서 타는 자전거 맛' 이 궁금해 여의도 한강공원에 갔다. 갑자기 더워진 날씨 탓에 많은 사람들이 소풍을 나와 있었고, 특히 공원에 설치된 인공 실개천, 연못, 바닥분수에 인파가 대단했다. 사람들은 실개천에 발을 담그거나, 연못과 강을 바라볼 수 있는 자리에 돗자리를 펴고 도시락을 먹고 있었고, 아이들은 바닥분수를 뛰어다니며 해맑게 웃고 있었다. 사람은 본능처럼 물을 좋아하고 만지고 싶어 한다.

그런데 바로 앞에 한강을 두고, 인공의 물 놀이터를 만들어서 노는 우리들의 모습이 괜히 우습다. 불과 반세기 전까지만 해도 한강은 지금 우리가 노는 것처럼 수영도 하고, 물고기도 잡고, 겨울에는 썰매를 탈 수 있는 훌륭한 물 놀이터였다고 한다. 그렇지만 도시를 지속가능하게하기 위해서 우리는 한강을 통제 가능한 환경으로 변화시켰고, 그로 인해 진짜인 살아있는 물 놀이터는 2차원의 풍경이 되었다.

한강공원 앞에 펼쳐진 인공의 수공간은 발을 담그고, 풍덩 빠질 수 있는 3차원 수공간에 대한 향수와 갈증을 해소하고 있다. 이들 수공간은 시각, 청각, 촉각 등 다양한 감각을 동원하여 보다 풍부하고 매력적인 장소경험을 유발한다. 은은한 연못은 가로수와 하늘을 비추면서 한 폭의 그림을 만들어낸다. 인공 실개천은 물이 흐르고 떨어지고 부딪치는 등의 소리만으로도 무더운 여름을 식혀준다. 바닥으로부터 뻗어 나왔다가 떨어지는 물줄기는 아이들에게 더없이 즐거운 놀이기구가 된다. 진짜 물 놀이터에 비길 바가 못 되지만, 도시공원에 있는 수공간도 썩 괜찮다.

그림 같은 풍경

박선희(5기)

요즘 날씨가 좋아져서 그런지 페이스북에 여행에 다녀와서 찍은 풍경사진이 많이 올라온다. 그림 같은 사진들이 참 많다. 그런데 그림은 인공이고 지금 바라보는 풍경은 실체 그 자체인데, 왜 실체를 인공에 비유하는 것일까? 바라보는 풍경이 매우 아름다워서 감동을 받았을 때 나도 모르게 입에서 튀어나오는 '그림 같다' 라는 말의 의미가 문득 궁금해진다.

아름다움의 한 종류인 '픽처레스크picturesque' 로부터 '그림 같다' 라는 말의 의미를 되짚어볼 수 있을 것 같다. 이 개념은 18세기 무렵 장거리 이동이 용이해진 유럽 사회에서 이태리의 고대 도시를 여행하는 유행 속에 탄생한 말이다. 다듬어지지 않은 거친 들판 위에 아무렇게나 놓인 고대 유물들, 건축물과 기둥, 신화 속 주인공의 형상을 한 조각들이 타지에서 온 이 여행객들에게 오감을 자극할 뿐 아니라 온갖 상상력을 자극해 깊은 인상을 남겼다. 그래서 그 이후 여행을 마치고 돌아온 이들이 여행지에서의 인상을 떠올리며 그림 한쪽 편에 일부러 낡고 폐허가 된 건축물을 그려 넣는 식의 감각적이고 극적인 요소를 삽입했다. 그림에서 뿐만이 아니라 정원을 꾸밀 때에도 마찬가지였다. 감각을 자극하는 거친 요소의 삽입, 상상력을 자극하는 극적 요소의 삽입. 이것이 픽처레스크 미학의 탄생이었다.

공원미학의 오랜 전통 역시 풍경화식인데 그 시초에는 픽처레스크가 있다. 세상 모든 공원의 롤 모델인 뉴욕의 센트럴파크도 영국 풍경화식 정원의 영향을 받았다. 센트럴파크의 설계자 옴스테드는 센트럴파크를 설계할 때, 영국 여행 중에 보았던 풍경화식 정원을 떠올렸다고 한다. 센트럴파크는 도심에서 볼 수 없는 구불구불한 선과 부드러운 자연의 질감으로 그림 같은 경관을 연출하는 데 성공했고, 그것은 오늘날까지 모든 공원의 대표적 경관으로 남아있다.

픽처레스크의 발생과 센트럴파크식 공원양식이 발생한 것 모두 여행을 통해서였다. 오늘 어딘가를 여행하며 사진을 업로드하고 있는 누군가로부터 새로운 아름다움의 씨앗을 기대해 봐도 좋을 일이다.

10년을 준비하는 '무한도전' 과 DDP

이재명(5기)

MBC 예능프로그램 '무한도전' 이 향후 10년을 이끌어 갈 리더를 뽑는 '선택 2014' 로 화제를 모았다. 22일 본 선거를 앞두고 무한도전 멤버 간 후보 단일화와 토론은 현재 정치를 풍자한다고 평가받기도 했다. 무한도전이 시도한 선거 예능은 국민의 관심을 6.4지방선거로 이어지게 했으며 국민의 정치참여를 유도했다는 평가를 받았다. 웃음과 공익 두 가지 모두 잡은 기획과 연출은 '무한도전' 이 국민 예능이라고 불리는 이유이다.

건축을 공부하는 사람이다 보니 '선택 2014' 투표소가 설치된 동대문디자인플라자(이하 DDP)가 눈에 들어올 수밖에 없었다. 직접투표를 위해 줄 서 있는 10만여 명의 사람들과 수많은 취재기자의 배경이 DDP였다. 그리고 이번 선거에 대한 관심으로 투표소가 설치된 곳을 찾아본 적극적인 시청자에게 DDP가 재인식되는 기회가 되었다.

이전에도 '무한도전' 에 DDP는 자주 등장하였다. 개관 전 '외계인 특집' 에도 외계인의 우주선으로 직접 등장하기도 했다. 국민예능인 '무한도전' 을 통해 많은 사람에게 인식되는 DDP의 현실이 효율적이면서도 안타깝다. DDP는 '세계 디자인의 에카'로 지어졌지만 정책상 '자립형 시민참여 공간'으로 변경되어 전시 준비 시간과 예산이 축소됐다. 바뀐 정책으로 자체적인 운영비를 충당해야 할 수밖에 없는 DDP로써는 공간에 어울리지 않는 〈간송문화전〉 같은 흥행카드를 내걸어야했다. 대한민국을 상징하는 랜드마크가 되기를 바라며 지어진 DDP가 장소와 공간의 청사진에 맞는 안정된 프로그램 없이 대중에 대한 노출로 이슈를 재생산하기 바쁜 것은 문제다 .

'무한도전' 은 DDP에서 향후 10년을 정하는 리더를 뽑았다. 국민 예능 '무한도전' 만큼 향후 10년이 준비되었는지 대한민국 아이콘이 되고자 하는 DDP의 기획이 궁금하다.

[칼럼 6]

DDP 스펙트럼

이재명(5기)

TV 토론 프로그램을 시청하다보면 잘 알지 못하는 주제에 대해서는 어느 한쪽의 의견을 들으면 그 말이 맞구나 싶다가도 또 반대쪽 의견을 들으면 또 그 말도 맞기도 하다는 생각이 들곤 한다.

동대문디자인플라자(이하, DDP)가 그렇다. 처음 DDP를 접한 것은 세빛둥둥섬과 함께 당시 전시적 시정 운영을 비판하는 사회면 기사였다. 얼마 되지 않아 동대문 수문과 성곽이 발굴되고 철거된 동대문운동장의 추억도 알게 됐다. 더구나 외국 건축가 자하 하디드가 설계자인 걸 알고는 한동안 발끈했다. 대학 강단에서도 DDP의 과도한 형태와 공사비를 비아냥대곤 하여 DDP에 부정적이기만 했다.

오랜만에 교보문고에 들렀다가 얼마 전 새로 나온 『못된 건축』이라는 책을 보았다. 이경훈(국민대, 건축학) 교수가 쓴 이 책은 국내 건축물에 대한 이야기를 대중에게 쉽게 설명하고 있었다. 특히나 눈에 띈 것은 DDP에 대한 내용이었다. 월간《SPACE》에서 DDP에 대한 스펙트럼 의견을 받을 때 가장 보수적 담론을 담당했던 이 교수가 어떤 긍정적인 평가를 했을지 궁금하기도 했다. 첨단 시공 기술이 새로운 역사의 시작이라는 말과 함께 DDP가 선도하여 동대문에 변화하여야 한다는 말이 설득력있게 다가왔다. 형태도 이질적이지만 동대문의 역사성을 제대로 해결하지 못했다는 점에서 비판을 많이 받았던 DDP가 새로운 역사의 시작이라는 말 또한 나름 합리적이고 미래 지향적이이라 판단되었다.

정보와 지식의 부족으로는 나 자신의 담론을 만들기 힘들다. 누구의 말이든 다소간 일리가 있기에 주관이 흔들린다. 그렇다고 항상 침묵할 수는 없는 노릇이고 둘 다 부정하기엔 대안을 내놓을 여력 또한 없다. 사회 스펙트럼에 한 자리 차지하고 싶은 욕심과 듬성듬성한 소견들 사이에 무지함이 부끄럽다.

학생들이 고민하는 DDP

이재명(5기)

24일 청주 충북대에서 '지역거점 국립대학교 건축학과 연합' (이하, AtoA) 두 번째 모임이 열렸다. AtoA는 각 지역의 건축학과 학생들이 모여 각 지역의 지역성에 관해 이야기해보고 함께 토론하는 포럼이다. '지역성이 왜 필요한가' 라는 학생들의 발표가 끝나고 특별히 이번 포럼에서는 동대문디자인플라자(이하, DDP)에 대해 열띤 토론이 이어졌다.

건축계와 전문가들은 각각 DDP에 대해서 의견을 개진하지만 전문가와 대중 사이에 있는 학생들은 실제 어떻게 생각할지 궁금했다. 처음에는 DDP에 대한 비판적 접근보다 실제로 DDP에 대한 경험을 바탕으로 여러 사람이 느낌을 이야기해 나갔다. 학생들 스스로 이 이야기를 바탕으로 형태, 현재 프로그램, DDP의 미래에 대해서 서슴없이 의견을 제시했다.

학생들이다 보니 의견이 일관되지는 않았지만 다양한 학생들의 신선한 생각들이 쏟아져 나와서 토론은 말할 거리, 생각할 거리가 많아졌다. 서로 다른 건축관과 가치관에 따라서 바라보는 DDP가 좋은 건축물인지 나쁜 건축물인지 첨예하게 생각이 갈리기도 했지만 모두 DDP가 겉만 화려하고 도시에 흐름을 방해하는 유령건물이 되지 않을까 우려의 시선으로 바라보고 있었다.

토론을 진행하다 보니 각 학생이 가지고 있는 지식의 양이 중요한 것이 아니라 다양한 생각들이 공유되는 것이 중요하다는 것을 새삼 느꼈다. 그래서 DDP에 대해서 직접 관련된 실무자와 현장의 건축가가 실제로 모여서 DDP의 미래에 대해서 함께 고민하는 자리가 필요하고 그 가치가 있을 것이라고 확신했다. 29일 서울건축포럼이 주최하는 '서울시청과 DDP' 가 기대되는 이유이다.

유토피아와 디스토피아의 조건

이재명(5기)

22일 오전 TV를 켜니 SBS에서 매우 큰 규모의 포럼을 진행하고 있었다. 서울디지털포럼(SDF)이었다. 여러 강연 중 관심을 가지고 보았던 내용은 서울대 철학과 황경식 명예교수와 한동대 글로벌리더십학부 손화철 교수가 진행한 소통과 성찰에 대한 강연이었다. 황경식은 정보기술시대는 디지털 유토피아를 만들 것이라고 하였고 손화철은 디지털 디스토피아가 될 것을 경고하였다. 황경식은 정보기술이 발달하면서 의사소통 감정소통이 자유롭게 이루어져 열린사회가 된다면 정보 유토피아가 만들어질 것이라고 했다. 한편 손화철은 정보 기술이 발달할수록 디지털 격차가 커지고 정보 혜택이 제한적이어서 정보 사회 속의 우리가 왜곡된 정체성을 갖게 되는 디지털 디스토피아가 될 것이라고 하였다.

상반된 주장임에도 하는 두 전문가는 공통되는 조건으로 디지털 유토피아로 이끌 수 있고, 디지털 디스토피아를 막을 수 있다고 말했다. 그 하나의 조건은 방대한 정보로 왜곡되는 자신에 대해 나 자신이 누구인지 성찰을 하고 이를 바탕으로 사용자들 간에 자유로운 소통을 이루는 것이다. 결국 조건에 따라서 그 결과는 완전히 달라진다.

이 조건을 듣고 있자니 소크라테스의 '너 자신을 알라' 라는 말이 떠올랐다. 자신의 무지를 깨닫는 것을 지혜라 한 이 말은 방대한 정보 속에서 마치 이 모든 것이 나의 지식이라는 착각에 대한 경고로 보였다. 정보의 바다 속에서 자신만의 정보로 재생산하지 않으면 자아는 정보의 바닷속에 살아지는 대로 휩쓸려 들어간다. 무의미한 자아 사이에 소통은 디스토피아를 초래할 것임을 지혜에 대한 겸손을 강조한 그리스 잠언을 통해 배운다.

건축과 조경과 도시, 통합적으로 이해하기

박선희(5기)

마을의 행정을 맡아보던 동사무소가 주민자치센터라는 이름으로 보다 다양한 프로그램을 수용하게 되었다. 주민자치센터에 가보면 예전에는 없던 운동시설이나 어린이 도서관 등 주민편의시설이 공간의 상당부분을 차지하고 있다. 행정업무가 전산화됨으로써 각종 민원처리를 위한 공간은 축소되었고, 주민 복지를 위한 행정수요가 증가하면서 이와 같은 서비스 공간이 생겨난 것이다. 주민자치시대로의 이행에 따라 시민 수요에 반응하는 주민자치센터는 앞으로도 필요한 것은 덧붙이고 불필요한 것은 제거하는 등 프로그램의 무한 조합을 이룰 것이라고 예측된다.

한 건축물의 기능과 그 활용 범주가 점차 다양해지고 복합화 되는 경향은 그만큼 건축가가 건축물을 설계하기 위해 사회와 도시의 다양한 미래상을 통합적으로 예측해야 한다는 의미로 해석된다. 이러한 경향은 최근 몇 년간 우리 사회를 뜨겁게 달궜던 통합, 융합, 통섭 등의 가치와 맞물려 업역의 경계 허물기와 건축의 도시화, 건축의 조경화로 이어진다. 통합적 사고에 기반한 오늘날의 건축가들은 지역개발 및 도시계획의 코디네이터로 활동하고, 건축의 바깥이라고 여겨졌던 정원과 조경영역을 건축설계의 한 부분으로 받아들이기도 한다.

그런데 지난해 건축의 통합화와 무한 확장성에 제동을 거는 작은 사건이 있었다. 선유도공원을 최고의 현대한국건축 3위로 뽑은 건축계의 보도에 조경계가 크게 반발한 것이다. 사실상 경계 허물기를 통한 통합적 · 창조적 공간 설계 패러다임은 건축계만의 담론은 아니었다. 조경계에서도 랜드스케이프 어바니즘 담론을 통해 공간을 바라보는 통합적 사고의 중요성, 그리고 이를 위해 업역 간의 협업이 필수적이라고 논의된 바 있다. 그렇다면 선유도공원에서 대치되는 건축과 조경의 입장을 어떻게 설명할 수 있을까?

건축과 조경은 태생부터 서로의 안티테제였다. 건축이 내 공간을 확실시하기 위한 '사유'의 개념, 그리고 그 사유를 위한 '경계 짓기'를 통해 발전했다면, 조경은 사유화된 공간과 공간 사이의 빈 공간을 확보하고 경계를 허물어 '공유' 할 수 있는 공간을 만들기 위해 발전했다. 사유와 경계 짓기라는 건축의 전략은 인류의 생존과 발전에 있어서 필수적이었는데, 건축을 통해 인류는 위험으로부터 스스로를 보호할 수 있었고, 개개인이 모여 사회를 이룰 수 있었으며, 도시라는 가독적이고 효율적인 사회 운영 · 관리 시스템을 만들 수 있었다. 결과적으로 건축은 모두가 땅을 적절하게 '공유' 하고자 경계를 지을 수밖에 없었다. 문제는 산업화가 속도를 내기 시작하면서부터다. 더 이상 경계를 지을 수 있는 공간이 남아있지 않은 상태에서 건축기술은 나날이 공간을 포식해 나갔고, 그로 인해 환경의 질은 급속도로 나빠졌으며 도시공간 속에서는 예기치 못한 사회문제가 발생하기 시작했다. 그래서 19세기 후반, 건축이 포화된 도시 뉴욕의 건축가, 도시개발자, 언론인 등 다분야의 지도층은 공중위생을 포함한 도시의 환경오염 문제를 해결할 수 있는 해법으로 공공의 오픈스페이스 확보에 대한 논의를 이끌었다. 이것이 현대 조경의 시초인 센트럴파크의 탄생배경이다. 뉴욕 중심가의 땅은 최대한의 건축을 위해 일정한 크기로 조각나 있었다. 이런 땅의 상당부분을 통째로 녹지로 만든 센트럴파크 조성사업은 파격이 아닐 수 없었다. 그러나 이 공간은 100년이 지난 지금까지도 어느 누구의 소유도 아닌, 모두의 소유가 되어 원형이 보존되고 있다. 산업혁명 이후 급속화 된 공간의 사유화와 경계 짓기에 대한 비판이자 회복의 결실인 셈이다.

건축과 조경은 서로 다른 뿌리와 서로 다른 사고체계 속에서 발달했고, 업역의 경계가 분명했다. 그렇지만 건축과 조경은 도시가 고도화될수록 똑같이 도시의 생존에 집중하기 시작했으며, 그 과정에서 업역의 경계가 모호해졌다. 선유도공원은 건축과 조경의 역할이 어느 하나 우선되지 않은 기존에는 없던 통합과 협업의 결과물로 두 분야를 혼란에 빠뜨리고 만 것이다.

그렇지만 도시의 생존을 위한 사유를 멈추지 않는 한, 건축과 조경 두 영역은 통합과 협업의 방법론을 모색해야 한다. 나는 그 과정의 첫 번째 단계로 조경에 대한 인식의 전환을 촉구하는 바이다.

무언가를 구축하고 공간을 포식한다는 점에서 건축과 조경은 다르지 않다. 이와 같은 조경의 본질적 속성을 이해하는 데 방해하는 요인으로, 조경이 '(친)환경적' 이라는 일반화된 인식에는 맹점이 있다. 조경은 공공의 오픈스페이스를 효과적으로 연출하기 위해 건축과 마찬가지로 땅을 고르고, 공간을 구분하고, 구조물을 설치하는 등의 구축하는 과정을 거쳐야 한다. 결과물과 상관없이, 어떤 조경공간은 구축되는 과정에서 많은 비환경적 행위를 수반해야 할 것이다. 그것은 조경공간을 유지 · 관리할 때에도 마찬가지이다. 오히려 조경은 건축과 마찬가지로 문명의 이기로 이해될 필요가 있다. 현대적 의미의 조경은 건축이 포화된 도시체제를 유지하기 위해 만든 19세기의 발명품이라고 보아야 한다. 더불어 조경공간은 도시지역을 관리하기 위한 하나의 행정자치구에서 특정 공간을 임의로 점유한다는 점에서, 좀 더 넓은 의미의 사유화라고도 받아들여질 수 있다.

결론적으로 건축과 조경은 모두 땅을 '공유' 하기 위한 수단으로 이해할 수 있으며, '사유화' 와 '경계 짓기' 의 서로 다른 방법론이라고 이해할 수 있다. 그리고 이는 궁극적으로 현대인의 생존수단인 도시를 유지하기 위함이다. 따라서 건축과 조경은 도시의 유지 및 관리를 위한 공간 구축의 차원에서 통합적으로 이해될 수 있을 것이다.

사실상 오늘날의 도시가 시도하고 있는 공간재편의 현상들을 보면, 건축과 조경의 경계는 이미 모호한 상태이며, 무엇이 건축 작품인지 무엇이 조경 작품인지 구별하기 어려운 상태에 놓여있다. 여기에는 공공건축 및 포스트 인더스트리얼 사이트의 영향이 크다. 최근 우리는 사회 · 복지 등 공적인 서비스의 확대를 위해 행정자치구가 임의의 공간을 '사유' 하여 공공건축 및 오픈스페이스를 마련하는 것을 목격하고 있다. 구청 및 주민자치센터는 행정 서비스의 개념을 넘어서서 지역사회의 사회 · 복지 · 문화 · 예술 전반을 서비스하고 있으며, 이들 건축물은 공간을 점유하는 것이 아니라 공적 활용이 가능한 오픈스페이스를 확보하는 형태를 보인다. 용도가 폐기된 산업기반지역 및 관련 시설물은 철거 대신 사회 · 문화공간으로의 재활용 대상이 된다. 산업시설물의 독특한 구조와 낡은 시설물이 뿜어내는 독특한 미적 감각 등은 가공을 통해 공간에 디자인 요소로 편입되고, 해당 공간은 감각적인 도시 오픈스페이스로 거듭난다.

건축과 조경의 목표가 도시의 구축과 생존에 있다면, 이 둘의 구분은 의미가 없다. 특히 오늘날의 도시 환경과 공간 계획의 패러다임을 따른다면 더욱 그러하다. 우리의 삶터를 지속시키기 위해 건축과 조경은 도시 공간 안에서 전략적 동맹을 맺을 필요가 있다.

아름다움의 핵심에 대하여 생각하다

정선영(5기)

미국의 시인 윌리엄 칼로스 윌리엄스는 "기계란 불필요한 부품이 없는 물체" 라는 언설을 남겼다. 기계에는 감상적인 것이 없다고 하였고, 시를 기계에 비유했다. 시는 산문과 다르게 불필요한 말을 하지 않고, 유기적으로 잘 짜여 있어야 하며, 완벽하게 절제되어 있다는 것이다. 말인즉슨 기계도 유기적으로 잘 짜여 있어야 한다는 것이다. 이 언설은 1944년에 발행한 자신의 시집 『쐐기(The Wedge)』에 나온다. 이때는 모더니즘의 전성기이다. 나는 윌리엄스의 언설을 마주하고 건축가 미스 반 데어 로에의 "Less is More" 를 생각한다.

18세기 중엽 영국에서 산업혁명이 일어나면서 세상은 완전히 바뀌게 되었다. 그러나 사회에 전반적인 변화가 찾아왔음에도 불구하고 20세기 초반까지도 건축은 과거와 별반 다를 바 없었다. 과거 양식주의의 형태를 비판 없이 받아들이고 있었다. 이때 건축가 미스는 산업혁명으로 인해 기계와 공업이 발달한 만큼 건축에도 변화가 적용되어야 한다고 생각했다. 미스뿐 아니라 고전적인 전통에서 벗어나서, 합리적인 시대상을 반영하자는 목소리가 곳곳에서 생겨나기 시작했다. 그들은 기하학적 정밀성과 효율성을 추구했다. 그로 인해 기술의 발전과 효율성을 강조하는 합리주의, 이성주의가 주를 이루게 되었고, 그렇게 건축물들은 단순해지기 시작하면서 간단명료하고 실용적인 형태가 되었다. 모더니즘 건축가들은 고전적인 건축에서 볼 수 있는 장식이나 불필요한 요소들을 없애고, 재료의 본질을 드러내면서 심플한 건축을 했다. 그러나 시대가 바뀌어 가면서 모더니즘 건축이 계속되지 못했다. 심플한 디자인의 건축물들은 세계 어느 장소에 가져다 놓아도 관계가 없을 만큼 획일화를 가지게 되었다.

이에 저항하듯 포스트모더니즘이 등장했다. 포스트모더니즘은 기술보다는 예술에 초점을 두고, 모더니즘이 가지지 못한 다원성, 복합성, 장식성, 상징성을 가진다. 대표적으로 건축가 로버트 벤츄리는 포스트모더니즘을 주장하며 미스의 "Less is more" 에 반대하는 견해를 내세웠다. 그는 "Less is bore" 를 주장했다. 건축의 양식은 모더니즘에서 포스트모더니즘으로 변화하였고, 그동안 배재되었던 장식들을 다시 사용하였고 획일화를 반대하며 지역성을 강조하게 되었다.

이와 같이 건축에서 장식이 중요한가, 비장식이 중요한가는 오래전부터 지속되어왔던 문제이다. 메소포타미아 문명은 화려함을 중요시 여겼으며, 반대로 이집트 문명은 단순함을 중요시 여겼다. 단순하고 비례적인 입면을 중요시 여겼던 르네상스 건축과 화려함의 절정이었던 바로크 건축, 앞서 얘기한 모더니즘과 포스트모더니즘까지 아름다움을 결정하는 요소는 계속해서 변화하고 있다. 이것은 건축에서 뿐만이 아니라 예술, 더 나아가 모든 방면에서도 그럴 것이다.

시대에 따라 아름다움의 핵심은 항상 변화하지만 중요한 것은 '자기 자신은 어떠한 것을 핵심으로 삼고 있느냐' 라는 것이다. 미스든, 벤츄리든 자신이 원하는 목표가 정해져 있느냐가 중요한 것이다. 세상은 항상 변화하기 때문에 누가 맞고 틀리고를 판가름 할 수 없다. 내 주관을 가지고 그것을 잘 설명하여 누군가를 설득할 수 있는가가 중요하다.

건축의 최전선, 문제는 무언가?

—기획자 겸 건축가 박인수 대표와 만나다

일시: 2014년 6월 13일, 장소: 파크이즈건축 회의실

월간《SPACE》 2013년 12월호는 〈직능적 혼란과 위기〉라는 제하에 건축가라는 직업에 대한 위기와 미래에 관해 이야기했다. "건축계가 어렵다."는 말은 건축을 공부하는 학생으로서 항상 듣는다. 듣기만 했지만 느끼기에는 현실은 더욱 심각한 듯하다. 학생의 입장에서 이 말이 아직 완벽하게 이해되거나 피부에 와 닿지 않았다. 그래서 이해하고 싶은 궁금한 부분들이 많았다. 박인수(건축사사무소 Parkiz) 대표는 이 기사에 〈21세기 건축가의 흥망성쇠에 관한 리포트〉를 기고했다. 또한 최근 발효된 '건축서비스산업진흥법'에 대해 제언[1]했고 '서울건축포럼'을 통해 '서울시청과 동대문디자인플라자'의 공론장을 기획[2]했다. 그는 현재 건축계의 최전선에 서 있다. 리포트를 바탕으로 그가 고민한 건축계의 현실과 미래에 대해서 들어본다.

이재명(이): 〈21세기 건축가의 흥망성쇠에 관한 리포트〉에서 "건축계가 어렵다."는 논점에 대해 문제를 문제로 인식하지 못하는 게 문제라고 했다. 무엇이 문제인가?

박인수(박인): "건축계가 어렵다."는 문제를 문제로만 본다는 한계가 있다. 해결책이 없었다. 문제를 문제로 보지 않는 것이 문제라는 것은 남 탓을 하지 않는다는 것이다. 건축 자체의 문제라고 인식한다. 건축이 안 되는 것이 사회 탓, 경기 탓, 발주자 탓, 시공자 탓, 법제 탓만 하고 그동안 건축계는 무엇을 했는가. 50여 년간 한두 채 건물을 지은 것도 아닌데 그동안 무엇을 했나. 건축을 산업으로 보지 않는 것이 문제였다. 외국에서는 건축을 서비스산업으로 본다. 한국에서는 건축을 서비스산업으로 본 게 고작 5~6년밖에 되지 않았다.

이: 건축이 지식 서비스 산업으로 안착된 계기나 배경이 궁금하다.

박인: 사회는 여러 산업이 있다. 사회를 중심으로 여러 분야가 있다. 단적으로 사회에 의료와 건축이 있다. 반면 산업에 의료산업은 있지만 건축산업은 없다, 이것이 문제를

---

1) 박인수 대표는 2014년 6월 3일 아우리 건축도시공간연구소에서 주최하는 건축도시포럼 '건축서비스산업진흥법의 시행과 공공건축발주제도의 개편'에 주제발표 및 토론자로 참여하였다.

2) 박인수 대표는 2014년 5월 29일 "서울시청과 동대문디자인파크"라는 주제로 서울건축포럼 토론회를 기획하고 사회자로 참가했다. 토론자로는 박정현(건축평론가), 유걸(건축가), 이상헌(교수), 이필훈(건축가), 최윤경(교수)이 참여하여 공공건축, 장소성과 역사성, 생산과정에 대해 이야기했다.

문제로 인식하지 않았기 때문에 생긴 결과이다. 또 건축은 기술이 아니다. 그러나 기술은 일부 건축이다. 이것을 문제화하지 않았다. '건설기술 관리법' 에 의거하여 건축이 발주되었다. '건설기술 관리법' 은 기술인데 기술로 건축을 다뤘다. 이것이 문제였다. 건축학과가 왜 공과대학 내에 있는가라는 의문에서 문제화되긴 했었다.

이: 산업분야에서는 건축을 기술로 인식한지 5~6년밖에 되지 않았다고 하였다. 그렇다면 건축을 기술로 보지 않는다는 면에서 건축학과가 공과대학에서 독립하여서 인증 제도를 거친 5년제 건축학과가 생긴 지 10년이 넘었다. 교육 측면에서는 문제를 문제로 인식한 것인가.

박인: 건축학과가 4년제 공과대학 내에 있었다. WTO아래 FTA를 하려고 하는데 전문 자격증을 상호 인증하는 제도가 불거졌다. 전 세계적 기준이 건축사라고 하면 전문 교육을 받고 실무를 수련해야한다. 전문교육이라는 것이 5년제 교육을 받는 가, 전문대학을 다니는 가가 기준이었다. 그래서 우리나라에 없었던 5년제 대학이 생겼다. 즉 필요에 의해서 만들어진 것이 아니다. 필요에 의해서 만들어 진 게 아니므로 왜 5년을 해야 하는지 누구도 제대로 알지 못했다. 이것도 문제를 문제로 보지 않았기 때문에 발생한 회의이다. 문제인지 인식했다면 학생이든 교수이든 누구든 문제제기를 했어야 한다. 연구가 부족하였다.

이: 그렇다면 5~6년 전부터 시작되었다는 산업 측면에서는 문제를 문제로 제대로 인식한 것인가. 올 6월 5일 부로 발효된 '건축서비스산업진흥법' 이 그 결과로 나온 거로 알고 있는데 이는 제대로 된 것인가?

박인: '건축서비스산업진흥법' 이 생기게 된 역사를 살펴보자. 예전에는 건축을 하겠다는 사람이 알아서 해야 했다. 그 후 건축법이 만들어졌다. 건축법 아래 경제개발 5개년 계획, 대덕연구단지 계발계획, 정부청사, 주택개발계획 같은 모든 산업을 개괄적으로 정했다. 이것은 학생이 해도 잘할 수 있는 수준이다. 그 후 도시화가 가중되면서 도시계획법이 등장하였다. 건축법이 건축법과 도시법으로 나뉘었다. 90년대 들어서 건축법, 전기법, 주택법, 건산법, 계약법 등등 건축의 업역이 여러 갈래로 쪼개졌다. 그래

서 건축법에 대해서 건설, 엔지니어링 관련 산업 등이 싸웠다. 건축은 정부 주요정책에서 다 제외되었다. 도저히 진흥이 되지 않았다. 2007년 '건축기본법' 이 제정됐다. '건설기술 · 건축문화선진화위원회' 가 만들어졌고 이는 나중에 '국가건축정책위원회' 가 된다. 여기서 연구기관인 '아우리' 가 만들어졌다. 아우리의 연구를 통해서 건축은 지식서비스산업이라는 것이 제시되었다. 한국건축은 그동안 예술이냐, 기술이냐 라는 해묵은 논쟁만 해왔다. 그러나 건축은 산업이라는 관점으로 보아야한다. 건축서비스산업은 1980년부터 2004년까지 13.4배가 커지고 고용 효과가 3.8배, 부가가치가 2.1배 증가하였다. 1,000억을 투자했을 때 지식서비스산업은 1,500억의 생산 효과, 900억의 부가가치유발효과가 있고 1,705명의 취업유발 효과가 있다. 제조업이 생산 효과는 크지만 부가가치유발효과, 취업유발효과는 지식서비스산업 보다 적다. 그래서 지식서비스산업인 건축서비스산업을 진흥해야 한다. 이에 따라 '건축서비스산업진흥법' 은 쪼개져 있는 건축에 대한 법제들을 끌어 모았다. 그동안 타 분야의 간섭으로 컨트롤 할 수 없었던 내용을 우리 밥그릇에 들여와 우리가 주체적으로 법령을 만들어 갈 수 있게 됐다. '건축서비스산업진흥법' 을 통해서 건축의 의미가 바로 세워진다. 건축물이 지어지는 과정에서 기획, 설계, 시공, 사후관리 단계마다 칸막이가 존재했고 각 단계마다 적용받는 법이 달랐다. 그러나 이제 '건축서비스산업진흥법' 으로 이런 과정이 한 방에 해결된다.

이: 현실적으로 '건축서비스산업진흥법' 이 공공건축을 할 때 더 잘 실현이 될 것으로 생각한다. 이와 연결하여 지난달 '서울건축포럼' 에서 언급한 '공공건축가' 의 개념과 연관이 될 것 같다. 건축물이 지어지는 과정이 '건축서비스산업진흥법' 아래서 공공 혹은 정부가 건축주가 되어서 진행되는데 이를 연결해 줄 수 있는 역할을 공공건축가가 할 것이라고 예상한다. 이전에 칸막이로 나뉜 건축 과정에서는 갑과 을의 관계처럼 건축주에서 시공자로 다시 시공자에서 설계자로 무리한 수정과 요구가 존재했을 텐데 이것이 하나로 통합되면 기획단계부터 완성까지 건축가가 권한을 갖게 될 거로 생각한다.

박인: 현재 공공건축가의 법적인 근거는 없다. 단지 건축기본법에 건축 관련 전문가라

고 되어있다. 건축기본법에 의거해서 '서울시건축정책위원회' 가 설립됐다. 서울시건축정책위원회에서 공공건축가를 임명하였다. 이 사람들의 목적은 기획, 자문, 설계 3가지 업무를 담당한다. 이에 대해서 지난 서울건축포럼에서 이상헌 교수는 설계의 업무를 공공건축가가 하는 것이 위법의 소지가 있다고 주장했다. 현재 사회 전반적으로도 공공건축가가 기획에 전념하는 것이 통상 의견이다. 그러나 이것은 '건축서비스산업진흥법' 과는 별 상관이 없다, '건축서비스산업진흥법' 에 따르면 2.3억 건축물을 발주하기 위해서는 공공건축 지원센터 공무원이 아닌 전문가가 기획해야 한다.

이: 서울시청과 동대문디자인플라자를 다룬 '서울건축포럼 토론회' 를 직접 기획하고 준비하였다. 배경이 궁금하다.

박인: DDP가 지어지고 사람들이 굉장히 말들이 많았다. 그러던 중 실망한 일이 있었다. DDP 앞에서 '볼 수 없는 역사는 기억될 수 없습니다.' 라는 피켓을 들고 일인시위를 한 정항수 학생을 페이스북에서 보았다. 거기에 대해서 홍익대 한 교수가 '멋진 제자이다. 장학금 줘야 할 듯' 이라고 했다. 거기에 대해서 이 학생이 무엇을 제대로 알고 말할까 그리고 어떤 사람의 이야기를 듣고서 행동으로 옮겼을까, 하는 의심이 들기 시작했다. 변경의 동력이 만들어지지 않기 때문에 이러한 문제는 DDP가 아니더라도 어느 자리에서든지 생길 것이다. 문제의 원인을 정확히 짚지 않고 있기 때문이다. 어린아이가 배고프다고 우는 것과 마찬가지이다. 해결 되지 않는 일이다. DDP는 건축계에 던져진 동전의 양면과 같다. DDP가 어떻게 지어졌는지 기획, 발주, 진행과정, 예산승인, 유물처리 등 모든 것을 확인한다면 향후 좋은 표석으로 활용될 수 있을 것이다. 핵심에서 벗어난 감상문과 건축가의 자세 등의 논의로 흘러간다면 분열만 조장할 뿐이다. 중요한 것은 이것을 기성 건축가, 교수들이 해결해야 할 문제인 것이다. 한 학생이 일인시위를 해서 될 일이 아니다. 학생을 응원한 그 교수는 숨었다. DDP논란이 전반적인 건축물 생산 전 과정에 대해 다시 돌이켜 볼 절호의 기회다고 생각했다. 그래서 행동한 것이 토론회였다.

이: 토론 패널들에게 이런 내용을 설명하고 직접 섭외하였는가?

박인: 그렇다. 참여해주신 분이 모두 잘 말해주실 수 있는 전문가였다. 그날 토론 내용이 굉장히 교양 있고 좋았다고 생각한다. 앞으로 이런 식의 논의가 계속 이루어져야 한

다. 공공건축물에 관한 정의부터 그것을 짓는 과정이 정의되지 않았다. 그중 이상헌 교수가 지적한 '우리나라에 공공이 정의되어 있지 않다는 것', '우리나라는 공공을 국가가 대행하고 있다는 점'은 근원적 문제이다. 국가는 국민인데 공공을 국가 정부가 대신하고 있다. 공공이 무엇인지 정의되지 않아서 공공 건축을 정의하기 어렵다. 제대로 된 정의로부터 시작한 경험이 없다. 유걸 선생은 효율성 면에서 '상식을 가진 시장이 건축주 역할을 해야 한다' 했고, 이에 대해 다른 사람은 '정치인인 시장이 건축주의 역할을 제대로 할 수 없다'며 제대로 된 건축주 역할을 할 수 있는 공공 건축가의 필요성에 합의했다.

이: 토론의 자리가 좋았고 필요성도 인식했다. 아우리 건축도시공간연구소에서 하는 포럼 외에 건축계에 전문가 간에 이야기가 있어야 하고 이런 담론이 대중에게 어필할 수 있는 전문가 간의 합의가 도출되어야 할 것 같다. 이런 과정을 어떻게 준비해야 할까.

박인: 좋은 생각이다. 그러나 지금 전문가들도 합의가 잘 안 될 것이다. 왜냐하면 전문가들도 그것에 대해 많은 고민을 해보거나 이야기해 보지 않았다. 또한 전문가들은 합의하지 않고 많은 기회를 독점하고 있다. 기득권도 걸려있다. 이런 점 때문에 유걸 선생의 말이 더 효과적일 수 있을 거라는 것이 개인적인 의견이다. 공공건축에 대해서 민간인들이 '건축전문가를 써야 겠네' 라는 합의가 되길 바란다. 잘 모르는 사람 여럿이 모여 봐야 별 도움 안 된다는 것을 자각하길 바란다.

이: 전문가에게 맡기기 위한 그런 실패와 수긍의 과정이 필요하다는 것인가?

박인: 사회에서 건축가들이 존경을 받으려면 '건축가에게 맡기니깐 뭔가 좋더라.' 하는 게 있어야 한다. 그런데 지금 그런 점이 부족하다. 지금 일반 사람들은 '맡겼더니 자기 잘난 맛에 유리로 둘러싸인 이상한 모양을 만들어서 유지관리만 비싸진다.' 라고 인식하고 있는 것이 공공 건축의 현실이다. 이것을 불식시켜야 한다. 이것이 불식되지 않으면 건축가가 사회적으로 의미 있는 직업군이 될 수 없다.

이: 그런 부분에서는 소위 스타건축가가 필요하지 않을까? 공공건

축을 하는 데 있어서 공공 건축물 사용자 입장에서는 건축가를 인식하기보다는 자치단체 건축주의 역할로 보는 괴리가 존재하는 것 같다. 그래서 그 차이 때문에 민간인이 '건축가가 맡으니까 뭐가 좋다더라.'를 아는 데에 더 긴 과정이 필요한 것 아닌가? 극단적으로 이야기하자면 DDP는 자하 하디드라는 스타건축가를 통해서 대중에게 '유명한 사람이 와서 이런 특이한 공공 건축물이 만들어 졌구나.'라는 인식을 심어주었다. 이것이 건축가가 공공 건축이 건축가의 능력으로 변화할 수 있음을 보일 기회가 아닌가?

박인: 나는 아니라고 본다. 스타건축가는 개인 건축주를 위해서 일하는 경우가 많다. 말이 많아지는 공공 건축을 하려고 하지 않는다. 민간에서 건축가의 능력을 알아볼 수 있는 사람은 상위 일부이다. 그 이하는 알아보기 힘들다. 교육을 통해서 건축가의 능력을 알아볼 수 있는 사람의 저변을 넓히는 것이 중요하다. 자하와 유걸을 비교하면 바로 알 수 있다. 자하에게는 직접 설계, 감리 등 많은 권한을 주었다. 반대로 유걸은 서울시에 말썽쟁이 건축가였다. 일부에서 자하라는 스타건축가를 활용하여 공공건축에 대한 순기능이 있다는 것은 인정한지만 게임의 룰이 달랐다. 자국에서 자국의 건축가를 보호하지 않는데 건축가의 능력을 발휘할 기회가 있는가. 중앙일보 이은주 기자가 DDP와 서울시청 건축과정을 비교한 기사를 보면 일반인들도 쉽게 알 수 있다.

이: 전문가들의 담론을 쌓아갈 수 있는 포럼이 필요한데 누가, 어떤 단체가 해야 할까. 또 토론의 결과물이 있다면 어떻게 정리해야하나?

박인: 그것은 정답이 있다. 목마른 사람이 하는 것이다. 그러나 지금 문제를 문제로 보고 있지 않다. 거의 모든 건축계 사람들이 내가 목마르다고 생각하지 않는다. 목마른 사람이 하는 것이 실질적으로 좋은 결과를 낼 것이다. 실제 마음을 먹으면 SNS를 통한 홍보로 누구나 할 수 있다. 서울건축포럼 토론회에서 직접 보았겠지만 SNS에 관심보다 실제 포럼에 참석자는 그리 많지 않았다. 사람들에게 오프라인상 게으름이 존재한다. 낮이 아닌 저녁시간대로 해야 그나마 참석자가 많을 것이다. 서울건축포럼 토론 내용은 텍스트로 정리되어서 발행하고 공유될 것이다. 건축계 전문가나 학생도 읽어야겠지만 전국에 발주를 하는 공무원들에게 읽히길 바란다.

거대서사 vs. 자기서사, 조경의 오리지널리티

— '조경가+선생님' 김아연을 만나다

일시: 2014년 6월 12일, 장소: 서울시립대학교 김아연 교수연구실

현대조경설계의 시초인 뉴욕 센트럴파크의 설계자 옴스테드는 자신의 작업을 가드닝gardening이나 아키텍쳐architecture와 구분하고자 새로운 업역을 만들어냈다. 그것이 현대 조경을 일컫는 '랜드스케이프 아키텍쳐landscape architecture' 이다. 그는 랜드스케이프 아키텍쳐라는 말을 통해 아름다운 풍경화처럼 나무를 심고 길을 내는 구축 이상의 어떤 작용operation, 즉 빈 녹지가 도시 공간에서 창출해내는 어떠한 영향력과 도시 표면에서 발생하는 관계성 등을 정의하고자 했다.

옴스테드의 후손들은 다양한 실험으로 랜드스케이프 아키텍쳐의 의미를 완성해 나갔다. 특히 후기 산업사회에 들어서면서 도시공간에서의 영향력을 정의할 수 있는 하나의 사조이자 이론으로서 랜드스케이프 어바니즘landscape urbanism을 선언함으로써 조경의 의미와 역할을 다시금 규정하고자 했다. 랜드스케이프 어바니즘 계열의 조경가들은 거대한 폐허가 된 공장부지, 군 기지 등을 공원 혹은 녹지의 형태로 재생시킴으로써 발생하는 도시적 영향력을 검증하고자 했다. 아울러 도심 속 대규모 녹지공간이 도시생태적 차원에서 기능하는 바를 과학적, 기술적, 윤리적, 미학적 관점에서 해석하고 구현했다. 산업사회의 후퇴, 도시환경 및 생태계의 지속가능성 문제의 쟁점화가 옴스테드가 처음 정의하고자 했던 '그 조경' 을 더욱 조경이 되게 했다.

그러나 조경을 단지 거대 도시 공간에서의 관계성으로만 정의할 수 있을까? 한편에서는 조경의 오랜 기원인 '정원' 의 속성으로부터 조경의 속성을 정의하기도 한다. 사적인, 휴먼스케일의, 경험적인, 자연의 경관. 그리고 그것을 가꾸는 행위 자체가 여타 다른 분야와 구분될 수 있는 조경만의 독창성이라는 것이다. 최근 대중 전반에서 또 도시공원 및 녹지 관련 정책에서 정원, 텃밭 가꾸기, 한평공원 만들기 등에 관심을 보임에 따라 조경의 규모는 점차 작아지고 조경 프로젝트 또한 디테일 설계에 집중하는 경향을 보인다. 그리고 이러한 경향의 당위성으로 조경계는 '정원(예술)' 이라는 카드를 꺼내든다. 옴스테드가 센트럴파크를 설계할 때에도 유럽의 풍경화식 정원으로부터 모티브를 얻었다고 하니, 조경의 DNA에 정원이 억지로 끼워 맞춰진 것은 분명 아니다.

그런데 도시적 거대서사에서부터 정원규모의 자기서사에 이르기까지 모든 규모를 다루는 조경을 부지런하다고 해야 할까, 잡다하다고 해야 할까. 후기산업사회의 잔해를 재생시키는 큰 유행 속에서 조경학을 배운 나는 여전히 작은 규모의 정원만들기와 같은 오늘날의 유행이 조경이라고 할 수 있을지, 작은 규모의 공간이 조경의 기능을 온전히 발현하는 공간이 될 수 있을지 의문이 든다. 옴스테드로부터 기인한 현대조경설계

의 맥락에서 오늘날의 소규모화 현상은 어떻게 진단해야 할까?
이런 고민 속에서 나는 거대서사와 자기서사를 넘나드는 조경가이자 선생님 김아연이 떠올랐다. 그녀는 도시규모의 대형프로젝트와 사적인 규모의 소형프로젝트를 교차하며 활동하고 있었다.

박선희(박선): 교수님의 경력을 살펴보면, 행정중심복합도시 중앙녹지부 국제 설계경기, 한강공원 여의도권역 특화 국제 설계경기(당선), 제주 서귀포시 혁신도시 기반시설 조경설계 현상공모(당선), 서울 경춘선 폐선부지 공원화 현상설계(당선) 등 도시규모의 대형프로젝트가 2007년부터 2009년도까지 한 켤레를 이루고, 한편으로는 서울그린트러스트 우리 동네 숲 설계, 서울시 상상어린이공원 설계, 개인주택정원 및 옥상정원 설계, 인사동 아이디어 텃밭전 등 사적인 규모의 소형프로젝트가 최근 3~4년간의 작업으로 한 켤레를 이룬다. 특별한 이유가 있나?

김아연(김): 도시공간에서 일어나는 일들에는 경향성이 있는 것 같다. 나는 대규모 현상설계 프로젝트가 한국에서 많이 발생할 때 활동을 시작했다. 현상설계도 당선이 많이 되었다. 그래서 더욱 나에게 주어진 일들이 그러했다. 그러나 디자이너로서의 충만감과 피드백이 결여됨으로써, 디자인이 무엇인가에 대한 본질적인 고민을 하게 되었다. 그림만 그리는 건가? 디자이너의 모든 일은 기본적으로 디자인이 실체화되었을 때, 그 구현된 상태를 통해 검증을 함으로써 자기 역량을 강화할 수 있다고 생각한다. 그런데 현상설계의 대부분이 페이퍼워크로 끝났다.
이런 고민을 하던 중 가구디자인 학교를 다니게 되었다. 가구디자인은 실시간으로 검증을 해볼 수 있다는 점에서 결여된 감정을 어느 정도 해소해 주었다. 피드백을 경험하며 즐거움을 느꼈다. 그리고 한편으로는 작은 스케일의 디자인을 무시했던 자신을 돌아보게 되었다. 조경프로젝트에 비하면 아주 작은 스케일이지만, 설계하는 것이 훨씬 어려웠다. 가구디자인을 하면서 스케일에 따른 또 다른 이슈가 있고, 새로운 방법론이 필요하다는 것을 깨달았다. 분야별, 스케일별 고유성에 대해 이해할 필요가 있었다.
요즘의 정원열풍 역시 피드백이라는 맥락에서 해석해볼 수 있다. 설계한 대상지가 실체화되면서 피드백을 받는 느낌이 조경설계분야에서 오랜 시간동안 결여되어 있었다.

이런 결여감이 작은 규모의 정원 형태로 표출되면서 결여를 채우고 있다고도 생각한다.
나의 최근의 작업들은 학교에 있기 때문에 쉽게 접근할 수 있는 일을 해야겠다는 생각에서부터 출발했다. 다른 업체들과의 경쟁보다는 좀 더 공공의 문제를 이야기하거나, 다른 업체들이 하기 힘든 작업을 말한다.

박선: 규모를 넘나드는 교수님의 다양한 작업들이 조경프로젝트로서 가지는 공통분모는 무엇이라고 생각하는가?

김: 기본적으로 설계는 새로운 탐구과정이다. 이것이 여러 가지 프로젝트를 할 때의 매력이다. 매뉴얼화 되어있지 않다. 언제나 대상지와 프로젝트별 특수성을 탐구하고 문제를 정의하며 해결안을 마련해야 한다. 여기서 공통점은 문제를 발견하고, 문제를 정의하고, 그것에 대한 여러 가지 상상들을 하고, 그 안에서 가장 좋은 생각들을 추려내고, 그것을 아름다운 형태로 만들어내는, 이러한 일련의 "과정"이 똑같다는 것이다.

박선: 규모나 도시공간에서 요구하는 어떠한 경향들을 넘어서는 조경프로젝트만의 오리지널리티, 독창성은 무엇이라고 생각하는가?

김: 기본적으로 조경설계에 있어서 필요한 상상력의 종류에는 네 가지가 있다. 세 가지는 다른 분의 의견을 인용하였는데, 서사적 상상력, 조형적 상상력, 기술적 상상력이다. 그리고 나머지 하나는 조경분야의 특수한 상상력으로 '생태적 상상력' 이다. 생태적 상상력은 다른 분야에서 쉽게 하지 못하는 영역이다. 생태적 문제는 조경프로젝트와 같이 큰 시간 스케일과 자연이라는 소재를 썼을 때 고민할 수밖에 없는 부분이다.
그렇지만 대다수의 프로젝트가 도시성을 가진 대상지를 다루기 때문에, 원생으로 복원한다는 순수생태의 개념보다는 도시사람들이 교감할 수 있는 형태로 생태를 재해석해 줄 필요가 있다. 그래서 모든 프로젝트가 생태계 구축을 위한 일련의 활동이어야 한다는 부담은 없다. 생태학이라는 것이 프로젝트마다 정말 주인공이 되는 경우가 있고, 다른 것이 더 부각되어야 할 때도 있다. 생태에 대한 강박보다는 프로젝트에서 요구하는 주인공을 무엇으로 세워야 할까, 감독입장에서 고민한다. 일례로 광주 시민회관 프로젝트의 경우 생태적 이슈가 중요하지 않았다. 공원이 이미 안정화되어 있었기 때문에,

문화의 세팅을 어떻게 할 것인가가 더 중요했다.
그리고 내가 생각하는 생태학적 상상력은 아주 크다. 디자이너가 제안하는 것들이 궁극적으로는 어떠한 결과의 씨앗을 심고 있는가. 아주 직접적인 결과 말고, 시간에 따른 변화, 사회적 변화, 관계적 변화 등을 모두 상상해볼 수 있다.

박선: 내가 느끼기에 교수님의 작업을 돌아보면, 큰 규모이건 작은 규모이건 조형성과 프로그램 아이디어가 두드러진다. 조형성이 교수님의 작품만의 오리지널리티라고 생각해도 좋을까?

김: 디자이너에게 있어 조형에 대한 부분은 매우 중요하다. 그러나 나의 작업은 조형에만 초점이 맞춰져있지 않다. 조형을 통해 전달하고자하는 메시지는 매우 많았다. 그리고 나는 설계과정의 모든 논리, 개념, 조형적인 부분들을 "내러티브"를 통해 검증한다. 연인의 데이트나 가족의 나들이 등 일상적 서사를 상상하고 미래상을 예측하며, 이것들이 아름다운 조형을 통해 나타날 수 있는지를 상상한다. 사람들의 기억과 체험을 담을 수 있는가를 상상하며 공간을 설계한다.

박선: 선생님으로서 학생들에게 무엇을 어떻게 가르칠 것인가에 대해서도 고민이 많으신 것으로 알고 있다. 특히 건축처럼 학과 공학이 분리되어있지 않는 조경의 경우, 설계수업에 임하는 학생들의 관심과 태도에 어려움이 따른다고 알고 있다. 설계수업을 통해 학생들에게 어떤 조경을 가르쳐주시는지?

김: (조경설계를 배우고자 하는 학생들에게) 기본적으로 강조하고 싶은 것은 아주 전통적이고 좁은 의미의 디자인인 조형과 기능, 그리고 조경만의 고유한 상상력으로서 생태와 과학이 분리되면 안 된다는 것이다. 프로젝트에 따라 주연과 조연이 달라질 수 있지만, 조경을 하면서 디자인과 과학이 분리될 수는 없다. 주연과 조연을 적절히 활용하고 잠재력을 끌어내서 감독의 입장에서 설계를 할 필요가 있다. 설계과정 내에서 어떤 것을 중점으로 두고, 어떤 것을 부수적인 차원으로 배열할 지를 결정하는 것을 훈련해야 한다.
그리고 한편에서 설계에 관심이 없는 학생들은 실제 사회에 나가서 설계를 다루지 않을 텐데 왜 배워야 하나 생각한다. 그래서 조경이라는 업에서 설계란 어떤 역할일까에

대해 많은 고민을 했다. 결론은, 설계란 생각하는 방법에 관한 것이다. 설계수업은 불확실한 사회에서 어떤 결과물을 만들기 위해, 어떻게 문제를 발견하고 정의하고 결과물을 도출하는, 앞서 말했던 일련의 과정을 가르치는 일과 다르지 않다. 그래서 다양한 대상을 탐구하는 잡학이라고 할 수 있는 조경을 배운 학생들이 보다 다양하고 창의적인 직업을 찾을 수 있었으면 좋겠다는 생각도 했다. 설계를 통해 생각하는 방법을 배우기 때문이다.

맺으며

시대의 요구에 따라, 대상지의 요구에 따라 조경은 거대서사가 되기도 하고 자기서사가 되기도 한다. 조경가이자 조경학을 가르치는 선생님 김아연의 머릿속에는 거대서사와 자기서사의 구분이 존재하지 않았다. 단지 조경은 규모나 기능에 상관없이 대상지에 대한 깊은 탐구를 통해 문제를 정의하는 것, 그리고 대지와 자연이라는 재료를 통해 해결방안을 구축하는 행위이다.

불과 재작년에 완성된 용산공원 설계안이 주변 도시환경 및 용도의 변화와 맞물려 변경을 피하지 못하는 상황에서, 자기서사적 정원열풍이 대규모 조경설계에 대한 담론을 침식시키고 있다는 우려의 목소리가 있다. 이런 우려의 목소리는 비단 나뿐 아니라 조경계 전반에서 조경설계의 크고 작음, 거대서사와 자기서사의 이분법에서 자유롭지 못함을 반영하는 것 같다.

조경은 잡다하고, 경계가 불분명하며, 건축과 도시만큼의 강력한 오리지널리티가 존재하지 않는다고 한다. 그렇지만 조경을 정의하기 위한 무수한 이분법의 저울질, 거대서사와 자기서사의 이분법에서 보다 자유로워진다면 역설적으로 조경의 오리지널리티가 보일 수도 있지 않을까.

『꿈의 도시, 꾸리찌바』

—꾸리찌바의 숨은 매력을 찾아서

김선영(5기)

『꿈의 도시, 꾸리찌바』는 첫 출판 이후 언론과 자치단체, 시민단체들의 깊은 관심을 불러 모았다. 2001년 초판 발행 후 4차례에 걸쳐 추가와 수정을 통해 개정 증보한 이 출판물은 저자의 말처럼 도시를 다루는 행정가들과 그 도시에 살고 있는 시민들을 위한 도서임이 틀림없다. 『꿈의 도시, 꾸리찌바』의 성원에 이어 2011년 『꾸리찌바 에필로그』를 발간하였고, 이 책은 서울시장의 권장도서 중 하나로 선정되어 서울시 간부들과 독서모임을 갖기도 했다. 이 꾸리찌바에 대한 도서는 도시계획과 건축을 하는 전문가들에게도 많은 도움이 되었으리라 생각한다. 꾸리찌바에 전 세계에서 전문가와 자치단체장, 고위공무원, 언론인, 시민운동가들의 방문이 끊이지 않는 이유는 각각의 도시들이 갖고 있는 공통적인 문제점이 많다는 것을 시사한다. 그리고 그들은 근본적인 문제점을 찾아 해결해 나가는 방법을 이 책을 통해 배울 것이다. 이 책에서는 꾸리찌바와 수많은 도시에서 발생하는 교통, 쓰레기, 환경, 복지, 교육, 빈곤 문제를 다루고 있다. 이러한 문제를 꾸리찌바는 좋은 정책과 관리를 통해 시민들의 참여를 이끌어냄으로서 해결하는 방법을 보여준다. 이 해결방법은 다방면의 생각을 조합하여 생성되었기 때문에 요점을 하나로 함축하는 것이 어렵다. 그래서인지 저자도 부제에서 '재미와 장난이 만든 생태도시' 라고 말하지만, 바깥에선 '꿈과 희망의 도시', '창조적 도시', '친환경적 도시' 등 꾸리찌바를 다양한 표현으로 설명한다. 하지만 분명한 것은 이 도시가(도서가) 사람과 자연을 중심으로 근본적인 문제점을 찾아 나선다는 것이다. 그것은 이기적인 것도 아니었고, 누군가의 이익을 위한 것도 아니며, 조금은 현재 시대와 잘 어울리지 않는 구시대적이고 지역적인 발상에서 이루어졌다는 점이다.

책의 구성은 꾸리찌바와 꾸리찌바의 시장을 3번 역임한 레르네르와 그의 사람들에 대해 짧게 소개하고, 교통망, 도시환경개선, 시민을 위한 여러 실험에 대한 방법과 결과를 이야기 한다. 마지막으로 꾸리찌바로부터 얻은 교훈을 저자 나름의 시각으로 바라보며 이야기 한다. 저자는 위의 내용들에 대해 매우 세세하고 면밀한 분석으로 전하지만 현장에 대한 배경지식이 옅은 내겐 충분히 습득하기에 부족한 면이 다소 있다고 느껴졌다. 그것은 아마 현지를 내 눈으로 속속들이 확인하고 싶었던 욕심에서 기인했을 수도 있으리라 생각한다. 전문가를 위한 도서가 아니라고 말하지만, 굉장히 분석적이고 연구된 부분이 많았다. 하지만 이런 내용이 어렵게 다가오지 않은 이유는 도시계획이 우리의 삶에 직 · 간접적으로 어떤 영향을 주는지 알기 때문이다. 도시계획이 굳이

전문가와 도시행정가가 아니더라도 도시에 살고 있는 사람이라면 누구든지 우리 삶 한 부분이라는 생각을 할 수 있었다.

책을 읽어 내려가며 꾸리찌바와 서울 곳곳에서 시행되고 있는 어설픈 연결성을 찾을 수 있었는데, 이것 또한 꾸리찌바의 영향이었음을 알게 되었다. 가장 먼저 떠오른 것은 서울시에서도 시행되고 있는 버스 중앙차로였다. 버스중앙차로가 다른 자동차의 교통체증을 늘리고, 이용자들이 매연에 노출된다는 부정적인 시선이 있으나, 버스이용을 선호하는 나로서는 큰 문제점이라 생각하지 않았다. 버스를 활성화하는 것은 개인의 승용차 이용을 억제하기 위한 목적이 있기 때문이다. 매연 노출에 대한 부분은 양 옆 인도에서도 같은 문제점을 지닌다. 게다가 버스를 기다리는 일은 일반 보행자 도로에서 불편한 부분 중 하나였기 때문이다. 저자는 꾸리지바에 비하면 우리나라의 교통시스템은 중간정도 수준이라고 이야기한다. 꾸리찌바에서는 차선이 아닌 버스전용 도로를 갖추고 있으니, 그 속도와 편리성은 더욱 긍정적일 것이다. 저자는 꾸리찌바의 교통망과 3중굴절버스 및 교통요금시스템 등 여러 분석과 수치를 통해 극찬하고 있다. 자동차의 억제와 환경오염을 막기 위해 대중교통을 활성화했고, 대중교통을 활성화하기 위해 사람을 중심에 두고 시도했던 여러 접근 방법들은 인상 깊었다. 도시를 개발하기 위해 소외된 자들을 더 소외시키고, 자연에 피해를 주는 현대의 도시들과는 아예 접근 방식이 달랐기 때문이다. 물론 꾸리찌바에서도 교통시스템을 구축하며 많은 시행착오가 있었음을 전한다. 하지만 시행착오 속에서 기본적인 방향을 잃지 않았다. 편리함과 인간중심이었다. 버스의 길이를 늘려 탑승하는 시간을 줄이고, 수용인원도 늘렸으며, 환승시스템 적용과 사회적 불평등을 해소시키는 요금 제도까지, 사람들이 매일 겪는 버스 시스템의 변화는 당연히 기분 좋은 변화가 될 수 있었다. 그 중 사회적 불평등을 해소시키기 위해 일정한 요금을 결정했다는 것이 흥미로운 부분이었다. 버스시스템 계획에서도 사회적 불평등 해소를 생각할 수 있다는 것에서 그들이 진정으로 도시의 모든 시민을 수용하려 하는 의지를 느낄 수 있었다. 보행자거리와 자전거도로 또한 위와 같은 맥락과 같이 건강하고 활기찬 도시를 만드는 하나의 방법이었다고 생각한다. 우리나라에서도 곳곳에서 어설프게나마 시행되고 있는 보행자 중심거리와 자전거도로의 모습이 연상되었지만, 많은 시행착오를 겪어서라도 건강하고 활기찬 도시가 되길 꿈꿔본다.

도시의 쓰레기 문제에 대해 관심이 많았던 내게 "도시환경 개선을 위한 창조적인 노력들"이라는 장은 한층 흥미롭게 읽어갈 수 있었다. 저자는 환경관리정책, 문화유산의 보존 및 재활용, 벽화, 환경관리기반구축, 환경교육을 나누어 설명하지만, 결국엔 환경관리정책과 교육을 통한 도시환경개선방법이었다. 교육의 중요성을 강조해준 장이었다. 환경관리정책이란 어떤 장치와 시스템을 만드는 일이 아니었다. 보통 쓰레기 문제를 어떻게 할 것이냐의 문제를 두고, 쓰레기를 어떻게 처리할 것인지를 논의한다. 하지만 가장 근본적인 해결책은 쓰레기를 줄이는 것이다. 그리고 꾸리찌바는 우리가 보통 알고 있는 환경관리정책과 함께 그 일원으로 쓰레기를 쓰레기가 되지 않도록 시민의식을 고양시킨다. 일반폐기물과 재활용품 분리수거에 대해 알려주고, 재활용품을 생활에 필요한 농산물이나 필기구, 장난감 등으로 교환해 주는 식이다. 사실 이러한 활동은 우리나라 곳곳에서도 볼 수 있는 모습이지만, 체계적인 관리가 이루어진다고 보긴 어렵다. 하지만 꾸리찌바에서는 폐기물 분류에 전담요원을 특별히 배치하기도 하고, 도시곳곳을 청소하는 참여자들에게 정규의 교육과정과 유니폼을 나눠준다. 그로 인해 근린단체의 고용을 창출하기도 하고, 관리와 실천에 적극적인 모습을 보여준다. 시민들 스스로가 쓰레기 문제에 대한 인식을 하고 도시를 가꿔나가며 지역에 대한 애정과 자부심이 생기는 것은 너무도 당연한 순리이다. 어려서부터 이런 환경에서 자라도록 교육과 실천을 제공하는 것이 현명한 시의 역할인 듯하다. 이렇게 시는 실천적인 방법을 통해 교육된 시민들과 함께 시의 뜻도 함께 펼칠 수 있게 되었다. 일석이조, 일석삼조, 일석사조가 아닐까. 시민들의 교육을 통한 정책 외에도 시는 또다시 근본적인 해결책을 찾아나선다. 무분별한 개발로 강의 흐름이 막히자 홍수가 발생했고, 홍수가 꾸리찌바와 타지역에 악영향을 끼치자 다시 강의 흐름을 회복시키기 위해 강을 막는 대신 도랑과 호수를 만들어 강의 흐름을 통제했다. 현재 이곳은 공원, 자연림, 레저공간으로 조성되었고, 꾸리찌바만의 건강한 해결법으로 건강한 공간을 시민들에게 내어주고 있다.

이렇게 시민과 함께한 꾸리찌바는 시도, 시민도 함께 건강한 도시로 변모했다. 도시계획에 따라 시민 삶의 질이 어떻게 변할 수 있는지 알게 해주었다. 간단한 것이라고 말할 수 있고, 크게 생각하지 않을 수도 있다. 하지만 그 작은 움직임과 실천들이 모여 현재의 꾸리찌바를 만들었다. 작지만 섬세한 배려와 사람을 사랑하는 생각이 우리 도시에서 어떻게 함께 어울려 살아가는지 엿볼 수 있었다. 사실 나는 지역화에 대한 관심은 없었다. 지역화에 대한 생각은 농촌사회를 연상 짓게 했다. 조금은 구식 해결방법 같기도 했고, 미래적인 모습이라 생각하지 않았다. 쓰레기를 농산물과 바꾸어준다거나 지역사회 간에 협력과 유대감을 강조하는 것은 새마을운동을 생각나게 했고, 디지털화되지 않은 옛 동네의 모습을 연상시켰다. 디지털화되는 것이 주변과의 유대감을 단절시키는 목적에 있는 것도 아닌데 말이다. 하지만 『꿈의 도시, 꾸리찌바』를 읽으며, 지역화에 대해 긍정적인 생각을 갖게 됐다. 독창적인 해법이 창출될 수 있다는 점, 국가에 덜 의존적이라는 점, 시민과 소통이 더 잘 되고, 지역의 특성과 지역에 대한 시민의 애착을 만들 수 있다는 점 때문이다. 건강한 도시가 지속가능한 도시가 될 수 있다.

나는 이 책이 매우 행정적이고 정책(정치)에 대한 내용이 많았음에도 불구하고, 건축과 도시계획에 대한 생각으로 가득 채워져 있다고 본다. 정책, 도시계획, 건축 사이에는 비슷한 점이 있었고, 서로의 작용이 오고갔다. 어떤 정책으로 인해 도시의 교통망이 변하고, 용도지구의 설정에 따라 지가와 사람들의 활동반경이 변한다. 건축도 정책으로 인해 시에서 필요로 하는 시설을 만들고, 어떤 시설 안에 특정한 공간을 내어주어야 하기도 한다. 지혜의 등대처럼 건축을 통한 하나의 아이디어가 도시의 교육과 안전까지도 보장해주며, 문화유산의 재활용은 시대의 역사와 지역의 자부심을 안겨줄 수 있다. 이와 같은 건축, 도시, 정책에는 서로 인과관계가 있다는 점에서 밀접한 관계가 있고, 사람이 살아가는 모습을 변화시킬 수 있다는 점에서도 밀접한 관계가 있다. 정치는 크게 보면 나라를 다스리는 일이지만, 국민들의 인간다운 삶을 보장하고 사회의 질서를 바로잡는 일이다. 건축 또한 사람을 보호하기 위해 만들어진다. 이제는 안락하고, 편리하고, 건강한 삶을 살 수 있도록 해주고 있다. 결국 정치나 건축이나 인간다운 삶을 살게 하기 위함이다. 꾸리찌바는 빈민가를 위해 그들의 집을 직접 지을 수 있도록 자조주택 건설을 주관했다. 그들은 시로부터 버림받지 않았고, 그들에게 적합한 집을 확보할 수 있었다. 호주의 한 건축가 Paul Pholeros는 빈곤에서 벗어나기 위한 방법을 강연을 통해 알려줬다. 그 방법은 집을 고치라는 것이었다. 빈곤은 위생문제를 확대시키고 위생문제는 병을 야기한다. 병은 또 다른 가난이 되어 그들을 소외시킨다. 그러나 물이 나올 수 있도록 집을 개선한다면 이 문제는 한층 완화된다. 이렇게 사회적 문제인 빈곤을 건축을 통해 변화할 수 있다. 건축을 전공한 나의 집약된 논리일지 모르겠으나, 책을 읽는 내내 건축공부를 한 듯하다.

내가 나의 전공과 도시계획을 연관 짓듯, 독자들도 자신이 현재 하고 있는 일과 생활을 도시와 연결지울 수 있으리라 본다. 그리고 이 도시에 살고 있는 시민으로서 이곳에 어떤 일이 벌어지고 있고, 그 일이 나와 나의 가족들에게 어떤 삶의 질을 주는 지 관심 가질 수 있길 바란다. 이것이 저자가 『꿈의 도시, 꾸리찌바』를 쓰며 독자들에게 주려했던 메시지가 아닐까 생각해본다. 레르네르의 "사람들은 도시에서 생존을 위해 사는 것이 아니다. 시민들은 자기가 사는 도시를 사랑해야 하고, 소속감과 함께 정체성을 가지고 행동하는 여러 관계를 유지해야 한다."는 이야기가 자꾸 가슴 속에 맴돈다. 우리의 현대 도시 중 어떤 도시가 쓰레기를 수용하려하고, 빈곤을 수용하려 할까? 문제점을 보고 피하려는 방법이 아닌, '이 문제점을 어떻게 극복해 나가야 할까?' 라는 시의 긍정적이고 건강한 생각이 건강한 도시와 건강한 생각의 시민을 만들었다. 저자는 꾸리찌바를 재미와 장난이 만든 도시라고 말하지만, 나는 사람들에게 재미와 장난을 선사한 도시라고 생각한다.

정기용의 『감응의 건축』

—공공건축 정책의 시대, 무주 공공프로젝트 들여다보기

박선희(5기)

최근 공공건축 활성화 정책이 쏟아져 나오고 있다. 공공건축의 설계품격 향상을 위해 설계비 2억3천만 원 이상인 공공건축 사업은 설계공모를 의무적으로 시행하도록 법적 근거를 마련하는가 하면, 우수한 공공건축 건설을 지원함으로써 국토 및 도시환경의 품격을 향상시킨 공공발주자를 포상하는 대한민국 공공건축상은 올해로 7회째를 맞고 있다. '행복한 생활문화공간 조성' 이라는 국정과제 아래, 정부는 공공환경 개발 및 개선 프로젝트에 상당수의 국비를 지원한다. 여기에는 물론 공공건축의 리모델링과 활용 지원에 관한 사항이 모두 포함되어 있다.

인간이 도시에 살면서부터 공공건축은 늘 있어왔다. 사실 모든 건축물은 모두가 공유하는 대지 위에 올려져있다는 한 가지 사실만으로도 잠재적인 공공건축이 된다. 그런데 지금껏 명확히 구분되지 않았던 이 존재가 왜 오늘날의 시점에서 '공공건축' 이라는 이름으로 정책적 차원에서 쟁점화 되는 것일까? 공공건축이라는 도구가 국가통치와 국민행복에 어떤 기여를 하고 있는 것일까?

공공건축, 그리고 정기용

우리나라에서 공공건축을 이야기할 때 빼놓을 수 없는 인물이 있다. '말하는 건축가' 정기용이다. 그는 사는 내내 다수의 공공프로젝트를 진행했을 뿐 아니라 여러 차례의 강의와 다양한 매체를 통해 그 과정을 모두 기록함으로써 공공건축의 의미와 역할을 수면 위로 끌어올렸다. 그의 기록(또는 그에 대한 기록)은 공공건축이라는 중심주제로부터 파생된 수많은 문제설정과, 현대 도시 사회문제의 대안적 해법으로서 건축의 역할, 건축가의 역할에 대한 고민으로 가득하다.

이 책 『감응의 건축』은 그의 기록물들 중 하나로, 많은 이들이 익히 잘 알고 있는 무주 공공프로젝트에 관한 이야기이다. 그는 무주 땅 곳곳에서 프로젝트를 착수하며 마주했던 문제들과 그에 대한 건축적 해법을 쏟아놓는다. 쏟아놓았다는 말이 맞는 것이, 그는 개별 건축 프로젝트의 기획단계에서부터 설계와 시공 전 과정과, 또 한편에서는 발주자의 여건, 의사결정자의 생각, 주민들의 직접적인 수요 등을 탐구하는 과정에 이르기까지를 마치 일기를 쓰듯이 다 써내려갔다.

감응의 건축: 무주 공공프로젝트의 단면들

정기용은 이 책에서 스물한 가지의 공공프로젝트를 기록했다. 크게 다섯 가지의 주제로 나누어 살펴볼 수 있는데, 첫 번째는 주민자치센터 건축에 관한 것이다. 지방자치제가 시작되면서 통치수단으로써의 면사무소는 주민자치센터라는 이름으로 그 기능과 의미를 변화되고 있었고, 이에 따라 공간의 용도와 위계는 재설정이 필요했다. 그리고 주민자치센터라는 이름에 맞게 그 건축물은 이용자인 지역주민의 필요와 요구에 응답하는 것이 무엇보다 필요했다. 이러한 두 가지의 필요조건은 건축가 정기용으로 하여금 건축 프로그램과 건축설계를 동시에 진행하는 사회적 코디네이터가 되게 했다. 그는 설계를 하기 이전에 먼저 면민들이 무엇을 원하는지 물어보아야만 했다고 말한다.

코디네이터로서 그가 주민의 요구에 응답한 결과물 중에 안성면 주민자치센터의 공중목욕탕은 새롭고 흥미롭다. 주민자치센터에 목욕탕을 결합시킨 것은 주민자치센터로의 변화과정에서 건축 설계와 프로그램 마련 과정에 필요한 유연성을 보여준다. 건축가는 주민들과의 소통 가운데 안성면 주민자치센터에 가장 필요한 것은 다름 아닌 목욕탕임을 깨닫는다. 목욕탕은 기존의 면사무소, 주민자치센터에서 찾아볼 수 없는 프로그램이지만, 안성면 주민자치센터에 꼭 필요한 요소였다. 완공 후 할아버지 할머니들이 적극적으로 이용하는 모습을 지켜보면서 그는 건축의 의미를 되돌아본다. 건축은 사람들의 삶을 보살펴주는 배려가 되어야 한다.

두 번째 주제는 모더니즘 건축에서 배제되었던 자연과 사람을 다시금 회복시키는 건축에 관한 것이다. 그는 군내 행사가 있을 때마다 주민들이 거의 오지 않는 무주 공설운동장의 사연 속에서 인간이 배제된 권위주의적인 공간의 실상을 파악했다. 그리고 이에 대한 군수의 개선의지와 힘을 합해 스탠드에 등나무 그늘막을 만들게 된다.

그는 건축이 자연과 직접적인 관계를 맺고 있음에도 자연을 부수적인 요소로 다루는 것에 대해 문제의식을 갖고 있다. 하나의 오브제로 세워진 건축물이 도시 풍경의 일부가 되고 생명력 있는 존재가 되게 하는 힘은 건축가의 역량이 아닌 자연과 시간이다. 그래서 그는 등나무 스탠드와 같이 자연과 감응하는 건축 해법을 제시했다. 그는 세월이 흐르면서 사람들의 흔적이 남는 것, 사람들이 사용하면서 불필요한 것은 제거되고 필요한 것은 덧붙여지는 것, 자연이 성장하고 변하면서 건축의 빈 곳을 채워나가는 것이야말로 건축이 완성되는 길이라고 이야기한다. 자연과 인간과의 감응하는 건축에서 더 나아가, 세 번째로는 총체적 맥락 속에서 감응하는 건축에 관하여 이야기한다. 정기용은 앞서 무주 땅에 대한 특별한 인상과 감흥을 밝힌 바 있다. 이러한 최초의 경험으로 인해 그는 특히 대상지에 순응하고 조화를 이루는 건축물을 설계하는 방법에 대해 많은 고민을 했다. 청소년수련관을 설계하면서는 주변 경관과 입지조건을 고려하여 건축물의 규모, 방향, 색 등을 설정하고자 했고, 버스정류장을 설계할 때에는 사방이 거치는 것이 없는 벌판에 의도적으로 두꺼운 콘크리트 벽체를 세우고, 그 벽체 한가운데에 네모난 창을 내어 사방의 경관을 담을 수 있도록 했다. 무주의 아름다운 풍경과 건축의 감응을 위함이었다.

그런데 총체적 맥락을 고려하는 그의 철학은 비단 대상지의 풍경에 국한된 것만은 아니었다. 한편에서 그는 예산 등과 관련된 행정적인 문제에서부터 청소년 수 감소에 따른 건축물의 효용성 문제 등을 고민하기도 했고, 또 버스정류장에 모여든 사람들이 눈을 마주칠 수밖에 없는 ㄱ자형 의자 구조를 통해 사회적 관계망을 형성시키는 공간을 모색하기도 했다. 그가 설계하는 건축물이 걸치고 있는 모든 사회적 맥락이 그의 설계에서는 주요한 이슈가 되었다.

네 번째 주제는 농촌의 현실 문제를 해결하고 미래를 대비하는 건축적 대안이다. 정기용은 건축가는 시대가 요구하는 다양한 의미를 건축을 통해 구체화하고 문제를 해결하는 사람이라고 반복해서 말한다. 그의 주장에 따라 무주에서 직면하는 오늘날의 농촌 현상은 건축설계의 과정에서 고민이 되지 않을 수 없다. 농민의 집과 된장공장 등을 설계하며 그는 여러 층위에 있는 무수한 질문들을 던졌다. 이 건축을 통해 농민들이 행복해질 수 있는가? 농업의 미래를 밝힐 수 있는가? 농업의 위기를 극복하기 위해 건축이 제시할 수 있는 대안은 무엇인가? 이러한 많은 질문 속에서 그가 내린 결론은 농촌의 위기를 해결하는 거대 담론적 선언보다는 지금 이 건축물을 어떻게 설계해야 하는 가였다. 그러한 연유로, 그는 무주 농업의 잠재력이 드러나고, 농민들의 생산성이 향상될 수 있도록 하는 방안을 건축 설계의 차원에서 계속 고민했다.

농촌의 지속가능성을 고민하는 과정은 결국은 한 사회의 지속가능성에 대한 문제로 확장

되기 마련이다. 따라서 다섯 번째 주제는 지속가능한 사회를 위한 공공건축의 기능과 역할로 이어진다. 공공건축은 불특정 다수의 지역주민을 위한 최소한의 배려, 사회적 보장을 기반으로 한다는 점에서 지속가능한 미래를 대비하는 훌륭한 도구가 된다. 지역주민에게 최소한의 의료적 인권을 보장해주기 위한 보건의료원 리노베이션 프로젝트, 사회적 약자에 대한 공적 배려의 장치로서 종합복지관 설계, 고령화 사회의 필수불가결 시설인 노인전문요양원 설계 등이 이를 잘 설명해준다.

어떻게 건축을 통해 지역사회를 보다 나은 상태로 만들 것인가

10여 년 간의 무주 공공프로젝트를 통해 이 건축가가 끊임없이 강조하는 것은 어떻게 건축을 통해 지역사회를 보다 나은 상태로 만들 것인가이다. 그는 무주의 아름다운 풍경에 감탄을 했지만, 무주와 같이 쇠퇴해가는 우리 농촌의 현상 앞에서는 탄식을 했다. 농촌지역은 젊은이와 어린 아이들의 인구가 상당부분 줄어들고 있으며, 대다수가 사회적 배려가 필요한 노년층이었다. 이들에게 기초적인 생활서비스를 제공하기에 농촌의 인프라는 매우 열악할 뿐 아니라 권위적이기까지 하다. 소수의 어린이들과 다수의 노인들의 삶의 질 향상을 위해 지자체는 어떤 서비스를 제공하여야 하는가?

그는 주민들이 요구하는 것이 무엇인지, 그것을 어떻게 충족시켜줄 수 있을지, 지역사회에서 발생하고 있는 크고 작은 문제들에 어떤 해결책을 제시할 수 있을지를 고민했다. 사실상 농촌의 현실 문제를 직접적이고 신속하게 해결할 수 있는 방법은 올바른 정책방향의 설정과 그것의 작동기구로써 행정의 역할 강화하는 것임을 그도 모르지 않았다. 그러나 이에 대한 무수한 대안의 가지들을 쳐 내고, 그는 결국 건축가다운 해결책을 제시했다. 그는 아주 기초적인 농촌 행정서비스의 시작으로 공공건축을 설정하였으며, 목욕탕을 통해, 등나무 스탠드를 통해, 버스정류장을 통해, 그것의 가능성을 공고히 했다. 그는 무주 프로젝트를 통해 문제설정을 농촌에 국한시켰지만, 나는 결과적으로 이것이 사람들이 모여 사는 도시와 국토 전반에 해당되는 일임을 느낀다.

이 책은 한 건축가의 특별한 프로젝트에 대한 기록, 또는 무주에서 진행된 공공건축 프로젝트의 사례들이라고 국한 짓기 어려운 사회적 메시지로 가득하다. 그렇지만 건축가라는 본연의 정체성에 충실한 사회적 의제와 대안을 제시함으로써 건축 행정적 차원의

거버넌스의 한 형태를 보여준다. 그는 책의 서두에 이와 같이 밝히기도 했다.

> *나는 이 책을 건축가들이나 건축학도들만이 아니라 오히려 대한민국의 건축직 · 기술직 공무원들, 나아가서는 크고 작은 공공건축에 관여하는 모든 공무원들이 읽기를 바라며 특히 지방자치단체장인 시장 · 군수는 물론 지자체회의 의원들도 주의 깊게 애정을 갖고 읽기를 바란다. p.5.*

그의 바람이 오늘날의 공공건축 정책을 통해 조금씩 싹을 틔우고 있다. 아쉬운 점은 이 메시지들을 보다 다양한 사람들이 읽고 정책 추진의 촉매제로 사용하기 위해서는 건축가 이외의 사람들의 목소리가 필요하다는 생각이 든다. 무주의 군수와 안성면의 면장, 면민들이 공공건축을 통해 경험한 지역재생의 효과를 생생하게 증명한다면 좋을 것이다. 올바른 공공건축을 정의하는데 정답은 없다. 문제가 설정되었고, 그것을 풀기로 시작했다는 것이 중요하다.

청년, 자기 혁명의 서막

The Courageous Friends

AQ 102
와이드AR 저널리즘스쿨 1라운드 저널

처음 찍은 날 2014년 9월 22일
처음 펴낸 날 2014년 9월 25일
발행부수 300부

지은이 와이드AR저널리즘스쿨 1~5기생
엮은이 겸 펴낸이 전진삼
펴낸 곳 간향 미디어랩

등록 제313-2010-364호
주소 서울시 마포구 양화로 175(동교동, 마젤란21오피스텔 909호)
편집실 전화 02-2235-1960
편집실 팩스 02-2235-1968

편집 및 제작협력 김기현, spacetime

판매대행 시공문화사
주소 서울시 서대문구 독립문 공원길 13(현저동 200) 극동프라자 5층
영업팀 전화 02-3147-1212, 2323
영업팀 팩스 02-3147-2626

ISBN 978-89-956175-8-8

정가 5,000원